有时候，书只不过被当作催眠的利器，

然而，一本书能让失眠的人睡去，也能让沉睡的人醒来。

有多少书，能让我们看清这个世界，成为我们看不见的竞争力；

又有多少书，能让我们在看清这个世界的同时，仍旧热爱这个世界。


阅读增添感性，也是一种新的性感。

你所读过的任何书，都会进入你的心灵和血肉，并最终构成你最甜美的部分。

关于人生大问题的答案，要你自己去慢慢拼凑；

但一本本的书给出的小小回答，却可以帮你抵抗终极的恐惧。


我们的一生有限，你想去的地方，你要做的事情，也许总不能完全实现。

唯有读书的时候，你可以在灵魂中撒点儿野。

要知道，人生终须一次妄想，带领我们抵达未知的生命。


你的时间那么贵，要留给懂你的人。

我们想让你在爱的路上想爱就爱，在成长的路上一直成长。

我们，也想要成为你精彩人生中不可或缺的一部分。


我们秉承"爱与阅读不可辜负"，"陪你成长，持续精进"。

让迷茫的人不迷茫，让优秀的人更优秀。

扫码有惊喜

# 高情商孩子的
## 情绪管理课

王莉◎著

中国华侨出版社

·北京·

**图书在版编目（CIP）数据**

高情商孩子的情绪管理课 / 王莉著 .-- 北京 : 中
国华侨出版社，2020.3（2020.10 重印）
ISBN 978-7-5113-8184-2

Ⅰ . ①高… Ⅱ . ①王… Ⅲ . ①情绪—自我控制—少儿
读物 Ⅳ . ① B842.6-49

中国版本图书馆 CIP 数据核字（2020）第 020057 号

**高情商孩子的情绪管理课**

著　　者：王　莉
责任编辑：黄　威
装帧设计：平　平 @pingmiu
文字编辑：张　丽
经　　销：新华书店
开　　本：710mm×1000mm　1/16　印张：15　字数：160 千字
印　　刷：天津旭非印刷有限公司
版　　次：2020 年 7 月第 1 版　　2020 年 10 月第 2 次印刷
书　　号：ISBN 978-7-5113-8184-2
定　　价：42.80 元

中国华侨出版社　北京市朝阳区西坝河东里 77 号楼底商 5 号　邮编：100028
法律顾问：陈鹰律师事务所
发 行 部：（010）57484249　　　　传　真：（010）57484249
网　　址：www.oveaschin.com　　　E-mail：oveaschin@sina.com

如果发现印装质量问题，影响阅读，请与印刷厂联系调换。

# 序 _

## 孩子的情绪里，藏着他的未来

在很多时候，我们一谈到情绪，就觉得它是讨人厌的"坏家伙"——尤其是对于孩子的一些负面情绪表现，如发脾气、尖叫、摔东西、哭泣、沉默，等等，很多父母要么采取粗暴的态度，大声勒令孩子"听话"，要么干脆听之任之，让孩子待在安静的角落里"冷静冷静"。

但是，情绪真的都是坏的吗？

情绪也分为消极情绪和积极情绪，消极情绪会妨碍人们的正常生活；而积极的情绪对适应社会、建立良好的社会关系有着重要的作用。

可以这样说，如今这个时代是一个情商重于智商的时代，而情绪是情商的重要组成部分。因此，**掌握良好的情绪管理能力，是人们一生都需要修炼的"必备技能"，也是影响家庭亲子关系的重要因素。**

我曾在路上看到过一个四五岁的孩子一边哭，一边跟跄着向坚定地离去的妈妈喊："妈妈，我错了，我再也不调皮了。"但前面的妈妈却头也不回，直到孩子的哭声越来越凄厉，她才回头走到孩子身边，严厉地说："你下次再这样，我就不要你了。你还敢不敢了？"孩子被吓得浑身发抖，忙不迭地点头，妈妈这才带着孩子满意地离去。

当孩子不听话，或者提出不合理的要求时，很多父母都会用这一看似

"高明"的办法让孩子顺从。

但是，孩子为什么会哭闹？他们行为背后的情绪逻辑又是怎样的？父母这样做将会给孩子造成怎样的心理伤害，却很少有人关心。

成人在遭遇情绪危机的时候，尚且容易失控崩溃，何况一个不知情绪为何物的孩子？

当父母与孩子之间出现冲突时，我们习惯于关注孩子的不良行为，却很少去倾听、去理解孩子的情绪。所以，很多父母不知道，**当孩子被失控情绪操纵的时候，恰恰是他们最需要帮助的时候；他们的反常表现，正是他们的求救信号。**

如果父母没有用正确的方式理解他们，给予他们足够的爱与关注，反而用粗暴的态度对待他们，不仅会使孩子变得更加叛逆，也会使亲子关系越来越走向失控。

据儿童教育学最新研究指出，人在六岁以前的情感经验，对其一生具有恒久的影响。如果孩子在此时无法集中注意力，出现性格急躁、易怒、悲观或者孤独、焦虑等情绪，会对他们今后的个性发展和人格培养产生非常深远的影响。

而且，如果这种负面情绪在孩子成长的过程中不断出现，且得不到应有的重视和引导，不仅会对他们的性格产生不良影响，还会影响他们的心理成长与人际关系的良性发展。

身为父母，在将孩子培养成才的过程中，有一项很重要，也很容易被人忽视的工作，就是及早重视孩子的情绪，并给予正确的引导，帮助孩子认识、了解和管理自己的情绪，学会理解他人——即为孩子做好"情绪管理"，让孩子从小就拥有认识情绪、管理情绪的能力——"父母之爱子，则为之计深远"。

也许十几年后，我们的孩子会慢慢忘记那些做过的试卷、考过的分数，但他们在成长中形成的性格、他们处理生活中各种事情的情绪和态度会跟随他们的一生。

本书记录了我在教育生涯中接触过的很多孩子的故事，通过深入剖析这些孩子情绪背后隐藏的真正原因，希望父母们可以借此深入孩子的情感世界中，了解孩子们的所思、所感、所想，对孩子平时的行为和情绪有一个全新的认识。

本书也提供了一些帮助和引导儿童情绪管理的技巧和策略，对孩子在生活中遇到的各种问题提供了更好的解决方案。

希望所有读过本书的父母都能够了解情绪是什么，以及如何疏解情绪，并将这种理念传达到孩子心中，教会他们提高掌控自我情绪的能力，更好地建立人际关系，最终帮助他们成为快乐、温暖、心智成熟的人。

# 目录
## CONTENTS

# 第二章

**解读孩子的情绪，关注行为中隐藏的深层问题**

# 第三章

**叛逆是管出来的，不让童年成为孩子一生需要被治愈的痛**

**第二部分：**
**掌控情绪魔法盒——让情绪成为孩子的好朋友**

# 第四章
**接纳孩子的情绪，是改变的开始**

# 第五章
**最好的教育不是说教，而是共情**

# 第六章
## 情商高的孩子才能走得更远

第一部分：

# 孩子的情绪魔法盒——
# 不被情绪的表象迷惑

第一章

情绪没有对与错，
认出情绪后面那个需要
爱的孩子

# 1. 走进孩子未知的情绪世界

一提到"情绪"，多数人会以为这是成年人的专属。我听过很多人不停地抱怨，说家里的孩子脾气大、爱哭、害羞、大喊大叫……但很多父母只会将孩子的这些表现归结为胡闹、不听话，而不会考虑孩子的情绪因素。

"小孩子哪有什么情绪？"

"都是大人惯的，打一顿就好了。"

生活中，很多父母都存在这样的误区，认为孩子还小，根本没有情绪，甚至拒绝孩子表达自己的情绪，这都是非常错误的做法。

儿童教育学最新研究指出：情绪管理是幼儿情商的核心能力，它主要包括情绪识别、情绪理解、情绪表达、情绪调节四种能力。如果孩子在6岁之前经常出现负面情绪，如急躁、易怒、悲观、孤独、焦虑等，并持续不断，会在很大程度上影响他今后的品格发展，损害他的身心健康和人际关系，甚至对他的一生产生持久的负面影响。

在我带的班级里，有一个名叫小袁的男孩。他总是带着一副蓝色的圆形框架眼镜，看上去很像《哈利·波特》系列电影里饰演哈利的那个小演员。小袁在班里人缘很好，每天都乐呵呵的，像个无忧无虑的开心果。

然而，小袁的世界并不总像他表现出来的那样充满阳光。在班上，还有一个叫笑笑的孩子，他总是和小袁发生冲突。

有一次，科学课老师无意中看到笑笑和小袁在操场上打闹，笑笑追到小袁后还骑到他身上。科学课老师赶紧追上去厉声呵斥了笑笑，还让他向小袁赔礼道歉。这让笑笑觉得小袁可恶极了，整天装出一副笑嘻嘻的面孔，却在背地里害他，便决定报复小袁。

笑笑知道小袁有一个非常喜欢的奥特曼水壶，他每天都带着它上学。有一天，突然下起了雨。原本安排好的体育课取消了，孩子们都趴在窗台上，期待着雨停，这样就可以去操场玩了。这个时候，笑笑趁人不注意，偷偷拿走了小袁放在桌斗里的水壶，然后来到操场上，找了一个有积水的地方，把水壶里的水倒掉，又灌上了雨水，他觉得这次一定可以让小袁吃点苦头。

不过，他在做这些的时候，正好被一个同学看到了。

不一会儿，笑笑拿着装满"水"的水壶回到了班里。这个时候，小袁正在找自己的水壶，笑笑看到后赶紧说："自己的水壶都看不好，给！"小袁表示感谢，刚要打开水壶喝水，那名知情的同学赶紧大声嚷道："不能喝，太脏！"

小袁被这突如其来的一声吓了一跳，打开壶盖一倒，污浊的"水"就从水壶里流了出来。"这是什么水呀！"很快围拢过来的同学们七嘴八舌地议论开来，几乎同时把头转向了笑笑，还有的同学大声喊着："我们去告诉老师！"场面陷入了混乱之中。

笑笑用恶作剧来表达他的不满，本质上是不会管理自己的情绪。

我们每个人都有情绪，例如开心、发怒、生气、恐惧，等等，这些都是情绪的外在表现。对于成年人来说，我们可以通过一些有效的方法控制或者有效地管理情绪，不让情绪表露。但是，孩子是率真的，他们从来不会掩饰自己的喜怒哀乐，一旦产生情绪波动，就会真实地表现出来。

这种"喜怒都形于色"的天然反应，会让孩子很容易受到情绪的影响，但也可以成为他们探索自身的秘密通道。一个会管理情绪的孩子，会做情绪的主人。他不是不能生气，恰恰相反，只有当孩子亲身经历过各种情绪体验，才能对各种情绪熟练地做出反应，掌握控制和发泄情绪的正确方式。

我一直认为，没有天生的坏孩子，只有不会教育孩子的家长。很多像笑笑一样存在情绪管理问题的孩子，其实只是不能像成人那样辨别、调整自身的负面情绪。而造成这一结果的主要原因，就是父母在教育中缺失了有关情绪管理的重要环节。

以笑笑为例，他的爸爸妈妈在他不到两岁的时候就离异了。妈妈后来去了国外，爸爸再婚，笑笑基本上是在姑姑家里长大的。因为笑笑家庭的状况，姑姑总觉得孩子命苦，从小没有得到父母的关爱，所以对他比较溺爱。即使笑笑做了错事，姑姑也不会批评教育，才养成了他嚣张跋扈的性格。

同样是面对愤怒的情绪，小袁又是怎么做的呢？

事情发生之后，小袁没有发火，也没有哭闹。他低头思索了一会儿，然后乐呵呵地说："笑笑肯定是觉得'春雨贵如油'，所以才送了这个昂贵的礼物给我，真是太有创意了。"

听了小袁的话，同学们先是愣了愣，然后也跟着小袁一起笑了起来。而笑笑呢，本来以为自己的恶行暴露，少不了挨老师的批评惩戒，小手都握成了拳头，可是听小袁这么一说，反而羞愧得红了脸，低下了头。看到这一场景，全班同学都惊讶极了，因为笑笑似乎永远是耀武扬威的样子，从来没有这样不好意思过。

与笑笑相比，小袁的情商不仅仅体现在他的幽默中，更突出表现在他对自己的情绪管理上。

面对同学的无礼行为，小袁没有采取哭闹、喊叫等宣泄情绪的方式，更没有采取报复的念头。因为拥有管理控制不良情绪的能力，所以小袁在遇到问题时，会先让自己冷静，并保持一颗平静的心。

另外，小袁在控制自己情绪的同时，还能想出办法，建设性地帮助笑笑和同学们处理情绪——因为看到雨，联系到了春雨，又由春雨想到了它的可贵。小袁通过自己的幽默，轻松化解了笑笑的打击报复行为可能引发的冲突。他不仅自己原谅了笑笑，还帮助所有的人把恐惧、厌恶、生气、悲观转化为了快乐、宽容、友善。

小袁小小年纪即使在遇到恶意和挫折时也可以管住自己，不恶语相向、不失控，十分难能可贵。一个情绪稳定的人往往能和同伴建立起良好的关系，在一个团队中起到很好的润滑作用。

事后，我将小袁和笑笑都叫到了办公室。在弄清了事情的原委之后，笑笑低着头对小袁说："对不起，我不是故意要欺负你。是因为上次只有我一个人被罚站，我心里很生气，才做了这样的事情，希望你能原谅我。"

小袁大方地握住了笑笑的手，我也趁机鼓励笑笑说："老师知道你是个好孩子，你被误会之后会生气，这是很正常的，我会把事情的真相告诉科学课老师，这件事是他太武断了。但是，你用这种报复的方式发泄情绪是不对的。以后如果再有什么不开心的事，可以试着先沟通，或者跟老师说，我们一起寻找解决问题的方法，这样好吗？"

笑笑点了点头，两个孩子终于冰释前嫌。这件事以后，笑笑和小袁还成了很好的朋友，在小袁的带领和影响下，笑笑的行为有了很大的变化，能够和同学们和平共处了。

其实，孩子的情绪并没有我们想象的那样恐怖。在很多情况下，情绪就是一系列感觉的总称，例如悲伤、生气、害怕、高兴、兴奋、自豪、难过、失望、沮丧等，情绪是大脑自我调节的方式之一，是孩子在成长路上必须经历的。

为人母，为人父，从来都不是一件简单的事。对于身负重任的我们来说，只有先理解、重视孩子的情绪，帮助他们找到情绪的根源，才能"对症下药"，做出正确的引导，这是让孩子建立情绪管理的第一步。

## 2. 那些成为"情绪垃圾桶"的孩子，并不是真的高情商

每个孩子，都是一个天生会察言观色的专家，即使在他们不会说话的时候，也能敏锐地捕捉到大人情绪的细微变化。

相反，我们大人却在漫长的时间里丧失了这种技能，甚至忽视了对孩子情绪的体察。我曾经不止一次看到过这样的场景：父母在压力状态下，气急败坏地向孩子撒气："你怎么这么笨啊，教了几遍都不会！""我上班这么辛苦，你怎么老给我惹事！""我数十下，你再不走我就不要你了！"……

虽然我心中明白，他们是爱孩子的，只是没有控制好自己的情绪，但是孩子不懂。在孩子眼里，只看到了平时温柔的爸妈突然间变得歇斯底里，劈头盖脸地数落自己的不是。这种反差，不会让他们认识到自己的错误，反而会增加他们的不安全感，甚至让他们感到恐惧。

朋友小米是个单亲妈妈，她的儿子阳阳今年上五年级，特别懂事听话。阳阳不仅在学习上从来不让妈妈操心，还是一个情商超高的"小暖男"。在我的印象中，阳阳从来不会像别的小孩那样哭闹，脸上总是挂着浅浅的微笑。

为此，小米经常半开玩笑半炫耀地说，在家里，她和儿子的角色是反过来的，儿子反而比她成熟稳重得多。

有一次，小米心情不好，让我过去陪她，我们一起做了晚饭。然而，不知是不是有客人的缘故，阳阳在饭桌上一直非常拘谨，没吃几口饭。小米一点也没注意到，只是一个劲儿地问孩子："今天上课举手了吗？""今天中午学校的伙食好吗？""今天你们测验了吗？""今天课间你喝水了吗？"

没得到阳阳的回应，问了几句之后，小米明显有些不耐烦，从心底升起一阵怒气，放下筷子质问道："我说的你听到了吗？"阳阳没有抬头，只是从嘴里发出了一个"嗯"字。

妈妈对这样的回答显然不满意，这更加激发了她的怒气，转而指着桌子上的菜说："我今天这么累，怕你营养不良，还给你做了爱吃的菜，你就吃了一口，怎么就这么不懂事呢？"

阳阳听到这样的话，赶紧夹上几筷子蔬菜，快速放进嘴里。看得出来，他在竭力避免妈妈发火，平静的情绪也开始变得紧张，只想赶紧吃完饭，离开饭桌。

遗憾的是，小米并没有感受到阳阳情绪的变化，还在继续宣泄着自己的情绪："你这是吃饭吗？你做给谁看呢？要吃就吃，不吃就别吃，浪费什么粮食！"阳阳不敢像刚才那样快速地进食了，而是放慢了速度，唯恐自己的大口吸气都会被妈妈加上一条新的罪责。

此刻的阳阳并不知道妈妈的怒火究竟因何而起，他更不知道妈妈只是在宣泄自己的压力，跟他怎么做一点儿关系都没有。

与此同时，小米的情绪还在逐步升级，她继续朝阳阳怒吼道："大人累了一天了，辛辛苦苦地给你做饭，你还挑食，能营养好吗？和你说话，一句话不吭，我还是你妈妈吗？你和你爸真是一个样！"

这句话犹如一道惊雷，但阳阳的耳朵似乎失去了敏感度，看着孩子双唇紧闭，一声不吭地低着头，我伸手拉住了情绪激动的小米，制止她继续说下去。

如果没有孩子在场，我可以毫无顾忌地和小米一起大骂她的前夫"渣男"，听她说生活的不易，让她好好发泄一下。但是，孩子是无辜的，他不但没有能力处理这些大人的负面情绪，甚至可能因此背上沉重的包袱。

加利福尼亚大学的斯霍勒博士曾经说过，在婴儿出生时，就已经有一套情绪机制的基础了，但是婴儿并不会管理自己的情绪，他们需要依靠抚养者（多数情况下是母亲）去教导他们如何管理这些情绪。

刚出生的婴儿没有"自我"的感知，至少在生命最初的六个月，婴儿感觉自己和母亲是一体的，他们不能准确地感觉到自己和母亲的界限，所以母亲的情绪很容易影响到自己的孩子。

在这种安全依恋关系中，母亲会从情绪上顺应孩子，当婴儿哭泣的时候，母亲几乎不会去思考"应该怎么做"，她只是感觉到一种无意识的、想要去安抚自己的孩子的冲动，直觉会告诉她，孩子饿了、尿尿了，或者困了……母亲和自己孩子的沟通，不是通过语言，而是通过肢体、表情、声音等进行的，这种沟通不仅发生在婴儿和母亲的思想中，也发生在两者的身体上。

很多不了解情况的人都夸阳阳懂事，但只有我知道他懂事的原因。

对他来说，在妈妈离婚后的十一年中，妈妈的情绪永远是多变的。即使她开心的时候，也会随时出现一片乌云，如果阳阳不慎正好撞在了乌云下边，他就会成为妈妈情绪的宣泄口。

然而，阳阳毕竟还是个孩子，对于成人世界里那些稀奇古怪的情绪来源并不理解。妈妈坐公交车被人踩了、妈妈的评级又失利了等，这些和他一点儿关系都没有的事情，最后都能让他跟自己作业不工整、做错了题、上课发言太少等学习上的事情联系在一起，最后，他无缘无故地担负起了引发妈妈坏情绪的罪责。

也正是如此，阳阳在面对妈妈的时候，永远都是小心翼翼的，唯恐撞到了妈妈的坏情绪；也正是如此，他害怕和妈妈交流，不敢亲近妈妈。

出于自我保护的本能，阳阳采取了沉默的方式，并最终形成了他强大的自我"情绪管理能力"。但是，这对于年纪尚小的孩子来说，是多么的不公和残忍啊。

在父母与孩子的沟通中，60%是情绪，40%是内容。作为父母，如果不能在孩子面前处理好自己的情绪，再好的内容也会失去意义。

实际上，有很多像阳阳这样懂事的孩子之所以懂事，正是因为他们在成长的过程中遇到了不懂得调理和控制情绪的父母，他们甚至从小就承接着父母情绪的垃圾。这些可爱的孩子，成了不懂事的父母们解压的

"情绪垃圾桶"。

可想而知，在这种情绪垃圾的折磨下艰难成长起来的孩子，因为缺少父母良好的示范，往往不懂得保护自己的利益，习惯于压抑自己的情绪和需求，也不懂得如何调理和控制自身的情绪。最终，这些坏情绪在孩子心中扎根，抢夺了正常的心理营养，最终长出一片荒芜。

**不要因为孩子小、不懂事，就随意地将孩子当成宣泄的对象；不要让孩子在恐惧、担忧、害怕中成长。对于父母来说，说话的艺术应该建立在平等的基础上。只有感受到完全的爱，孩子才能有充足的安全感。**

**长期被迫做"情绪垃圾桶"的孩子，心中真的会充满情绪的垃圾。**

## 父母课堂

面对已经在情绪上受伤的孩子，父母该如何改善亲子关系？

**1.认识到自己的情绪，跟孩子说，这是我的问题，不是你的问题**

美国心理学家普拉切克指出，人主要有恐惧、惊讶、悲痛、厌恶、愤怒、期待、快乐和接受共8种基本情绪。而影响人的情绪反应除了外界刺激之外，还有心境和生理节律。心境是持续的、低强度的情绪状态，也是各种基本情绪最弱的表现形式。

在日常生活中，心境以一种微妙的情绪流的方式影响着我们的行为。所以，父母们应该先学会观察自己的情绪，当发现坏情绪的根源不在孩子时，要及时而清楚地告诉孩子：问题在我，我生气不是因为你。但是现在我没办法控制自己的坏情绪，你是否可以暂时离开，等我情绪好一些了咱们再沟通呢？

### 2.与孩子和好之前，先与自己和好

很多父母在情绪失控、对着孩子发完脾气后，等冷静下来时，会在心中生出十分强烈的懊悔心理，忍不住想方设法去补偿、修复与孩子的关系。然而过不了多久，同样的场景又会重新上演，陷入恶性循环而不能自拔。

其实，失控之后盲目地"讨好"孩子，不如先反思自己、原谅自己，分析一下自己失控的原因，导火索是什么？是身体不舒服，还是因为对某件事情心怀怨气而无法表达？反思过后，放松心情，正常地与孩子互动，就是修复与孩子的关系最好的做法。

### 3.用尊重与平等的态度，与孩子和好

在这个世界上，孩子是最不会记仇的人。当你心情平复之后，可以先向孩子解释自己失控的原因，并请求孩子的原谅。例如："宝贝对不起，刚才是不是吓到你了？有没有生妈妈（爸爸）的气？"用这样的方式，鼓励孩子说出心里的委屈。

即使再小的孩子也需要尊重。如果你希望孩子改正某个缺点，可以试试这样说："我再生气，也不该那样骂你。但我希望你到了睡觉的时间可以主动去睡觉，而不是继续玩玩具，否则我会有受骗的感觉，这种感觉会让我很愤怒，就像你觉得爸爸妈妈说话不算数的时候一样。

所以，下次再发生这样的事情，你希望我怎么做时，可以配合妈妈／爸爸吗？"

或者，我们还可以跟孩子做一个约定，比如我们情绪失控的时候，可以让孩子主动提醒："妈妈不要生气了。"从而让孩子掌握一些主动权，而不是被动地承受。

最后，如果孩子表达了原谅，别忘了向他表示感谢。我们可以和孩子拉拉钩，约定以后不管谁生气，都要用恰当的方式表达出来，不能随便发脾气。

### 4.出去透透气，远离引爆情绪的地点

如果下次再有愤怒来袭，不妨采用冷处理的方式，在情绪爆发之前离开现场，让自己的情绪冷静下来。

哪怕出去走5分钟，或者到另一个房间喝口水，也可以给自己一个缓冲的时机，以避免直接将坏脾气发泄到孩子身上。

### 5.每天5分钟，为自己充充电

我们很容易一下班就匆匆忙忙地回家，尤其是家有小宝宝的全职妈妈，每次出门后都想着赶紧回家……却不承想，我们每个人每天都需要一段属于自己的时间来舒缓工作上的疲惫和照顾孩子的压力……不妨每天给自己一个独处的时间，哪怕只有5分钟，去楼下散散步，听听音乐。

这小小的5分钟，会给我们很大的耐心和勇气，去拥抱每天"一地鸡毛"的日常。

**6.允许孩子犯错，对他的未来充满信心。**

孩子做了错事，父母特别容易紧张，就怕孩子一步错、步步错，"一失足成千古恨"。我们常常会自己脑补这个错误有多严重，于是对孩子各种教育、讲道理……其实想想我们自己小的时候，不是也经常发生类似的错误吗？

对待非原则性问题，学会放松下来，给孩子试错的机会，学会承担自然后果（当然，这后果是在孩子承受能力之内的，这一点需要父母严格甄别），他们才可以走得更远。

## 3. 不见风雨的"乖乖宝"也许更需要父母的关注

不管是高兴、害怕或者痛苦，每个人都会有自己的情绪，就像我们每天要吃饭喝水一样。但是，如果我们没有教会孩子如何与这些情绪自然相处，如何对不好的情绪进行管理，就很可能让他们陷入情绪的泥沼之中不能自拔，甚至产生非常严重的后果。

我曾经看过一份由北京大学儿童青少年卫生研究所发布的《中学生自杀现象调查分析报告》，据其中的数据显示，每5个中学生中就有1人曾考虑过自杀。

在中国，每年自杀的孩子人数超过了20万人。他们中有很多人成绩优异，未来一片光明，却因为处理不了自己的情绪问题而离开了这个世界。

例如，一位贵阳的初二男生在家里自杀，因为他觉得自己的成绩从来没有好过，自己是一个废物，样样不如别人；一位广东的初三男生自杀，因为家长不让他玩游戏机；几位初中女生一起结伴自杀，仅仅是因为考试失利，怕家长责骂……

作为一个成年人，我不想责怪这些孩子做出的选择，我相信在那一刻，他们的内心一定是极为痛苦的。但作为一个老师，我又极为痛心。

这些惨痛的案例也给我上了深刻的一课：**在成长的过程中，让孩子学会情绪管理，是比获得优异的成绩更重要的事情。**因为，后者只是一种能力的展现，而前者关系着的却是孩子一生的幸福。

小鱼是我班上一名优秀的孩子，从一年级到四年级都是大班长，学业成绩优异，不夸张地说，她得第一的概率超过了九成。不仅如此，她的兴趣爱好广泛：钢琴、舞蹈、声乐、朗诵、围棋、绘画、书法等，都获得过国家级别的奖项。

小鱼的优秀离不开父母的培养，她的爸爸妈妈都在大学里工作，自身受过良好的教育，对小鱼的教育也非常用心。据小鱼的父母说，他们在孩子还没出生之前，就做了明确的分工，爸爸是理工科出身，所以孩子所有关于数理化方面的内容都交给了爸爸；妈妈是文科生，小鱼的文艺和语文、英语等相关科目就由妈妈负责。爸爸在家里主持大事，而穿衣吃喝这样的生活琐事全部由妈妈负责。

可以说，小鱼是一个幸福的孩子，独享着父母全部的呵护和疼爱。

功夫不负有心人，小鱼也确实像父母所期望的那样，在各个领域都大放异彩。她虽然乖巧，性格上却有着和爸爸一样的执着和倔强，做什么事情都需要获得别人的高度认可和评价。长此以往，小鱼心里便形成了"我必须是最好的"的潜意识。

有一次，学校要进行演讲比赛，先从班级开始进行初评，然后进入年级二轮评选，最后只有十人可以参加学校最终的比赛。

我在布置任务之后，小鱼就和妈妈一起合作筛选作品，妈妈亲自上阵,给小鱼修改篇目。妈妈在大学期间就是演讲高手,辅导小鱼可以说是信手拈来。小鱼一板一眼地跟着妈妈学习每一个动作和声调,甚至把妈妈的每一个眼神都复制得活灵活现。

班上共有8名同学参加预赛,小鱼的表现遥遥领先,轻松地从班里的推选走到了年级复赛。小鱼嘴上虽然没说什么,内心却是满足和骄傲的。

最紧张的学校大赛开始了,学校采取现场转录的方式,赛场上只有十名裁判坐在台前,偌大的比赛场馆无形地给每个选手增加了一份压力。虽然小鱼见惯了大场面,心里还是有些紧张。

接下来,轮到她时,刚报完题目,音乐却没声了,她傻傻地站在那里,不知道该怎么办。负责的老师研究了半天也没发现问题,就告诉小鱼不要用背景音乐了,自己直接演讲就可以。

对于这突然的变故,小鱼一下子慌了神,她不知道自己应该如何应对这突然的改变——毕竟她今年还不足十岁。小鱼的声音逐渐变低,她不敢看评委的脸。紧接着,她的脑子也开始混乱,居然忘记了后边的台词。

比赛的结果可想而知——小鱼落选了。这是小鱼第一次参加比赛而没有拿到奖项,这对她来说简直就是耻辱。在台上时,她就已经忍不住开始流泪。全班同学都在安慰她,纷纷告诉她:"没事的,这次只是出了小事故,你是最棒的!"

然而,大家的关心并没有止住小鱼的眼泪,直到妈妈到来时,她的泪水还停留在脸上。

回到家后,小鱼一直压抑着的情绪爆发了,她看到桌子上的演讲稿,拿起来把它撕得粉碎，开始号啕大哭。这一夜，小鱼都是在哭声的陪伴下度过的。

妈妈心急如焚，在半夜的时候给我发了一条微信："老师您好！小鱼今天比赛失利了，受到了很大的打击。回来后，她一直在哭，今后学校这样的比赛您可以让她少参加吗？我看着很心疼。"

通过小鱼妈妈发给我的文字，我可以感受到，小鱼妈妈十分疼爱小鱼。对于妈妈来说，肯定不愿意自己的孩子受到一点点伤害，这是人之常情。但是，失败、哭泣真的有那么可怕吗？在很多父母的教育理念中，孩子只能成功不能失败。这种理念传递到孩子那里，就会让孩子害怕失败，觉得失败是可耻的。然而，他们越害怕失败，心理承受力就越差，甚至会形成一种观念：我只能成功，不能失败。

当我们指责孩子脆弱、承受力差的时候，各位父母有没有扪心自问：到底是孩子接受不了失败，还是自己接受不了孩子的失败？

当孩子第一次感受到挫折的时候，小鱼的妈妈感受到无比的痛心，希望带孩子远离伤害，我可以体会这种心情。但是，孩子不是家长的附庸品，他们是一个独立的个体，他们有自己感受生活的权利，只有经历生活的酸甜苦辣，他们才会长大。如果孩子遇到了苦难，父母就帮助他们披荆斩棘，对于孩子来说，他们的成长是不完整的。

我们常说："不经历风雨，怎么见彩虹？"在小鱼的成长过程中，得到了太多的赞美和欣赏，对于她，这可以让她充满自信，更加有优越感，但这其实也是一种成长体验的缺憾。在孩子成长的道路上，一定会有成功和失败，只有交替感受这两种情绪，才会让孩子的内心更加强大。

小鱼演讲失败，通过哭来宣泄自己的情绪，是一件再正常不过的事。尽管她顺利地通过了很多次考核、比赛，也获得了很多奖项，但是，十年的成功经历不能代表她一生都如此平坦。在她未来的生活道路上，肯定会有失败出现，父母不能替她省掉这一课。

父母除了给小鱼更多的肯定，还要时刻教导小鱼：**优秀不是一个孩子的标签，每个人都会经历成功和失败，每个人都有优秀的一面，人不可能做到每一方面都优秀。**

**在这个世界上，没有害怕失败的孩子，只有害怕孩子失败的父母。**当孩子失败时，给孩子哭的机会，教他们正确看待失败，才能从根本上遏制不良情绪的蔓延。

## 父母课堂

**如何对孩子进行"失败教育"？**

**1.纠正孩子对失败的认知**

不要只讲述成功者的故事，也可以找一些名人遇到挫折的故事讲给孩子听，或者与孩子分享自己的失败经历。这可以让他们知道，每个人都可能遇到挫折和失败，这并不是一件可耻的事情，只要能从中得到经验教训，就是人生的收获。

### 2.让孩子尝试失败

在平常的游戏中，试着故意让孩子输掉比赛，让他们体验失败的感觉。或者鼓励孩子去尝试一些考试或比赛，让他们明白，输赢只是一个结果，重要的是他们在这个过程中学到了什么，始终保持一个积极的活动态度。

### 3.不管输赢，都要鼓励

对于孩子来说，来自父母的鼓励和欣赏至关重要。如果父母对失败有一颗平常心，孩子也会根据父母的反应进行调整。如果孩子对比赛的结果表现得过于沮丧，不妨和孩子一起出去散散心，降低他们对失败结果的挫败感。

# 4. 认出孩子"双重人格"与情绪背后的深层需要

某次家长会过后，我和其他老师与几位学生的妈妈一起闲聊。其中，当一位妈妈问起她的孩子在学校中的表现时，我和几个任课老师都给出了非常高的评价，说孩子在学校热心、开朗、懂事、勤快……孩子的妈妈听了，嘴里说着"那就好，那就好"，脸上却写满了不可思议的问号。

过了一会儿，她忍不住跟我吐槽说："孩子在学校里的表现真的有这么好吗？他在家里可完全不是这样啊，跟你们说的完全不是一个人。我是不是养了一个'假孩子'？"

在学校是乖宝宝，回到家变成小恶魔；在学校能言善辩，回了家却变得沉默寡言。孩子在学校和家中的情绪状态完全不一样，你是不是对这一场景非常熟悉？

相信很多父母都或多或少地发现过孩子这种行为上的反差。对此，有的父母认为这很正常，觉得孩子是"怕老师"。但是，到底是什么让孩子开始出现这种"两面人"的状态，而处于这种状态下的孩子究竟会有什么样的情绪体验，却很少有人探讨。

小伟是一名四年级的学生，但因为身材瘦小，即使站在一年级的队列里，也丝毫没有违和感。

小伟的妈妈非常关心孩子，经常找我沟通孩子的学习情况。久而久之，我对他家的情况也有了大致的了解。原来，小伟是家中的老二，他的姐姐整整比他大了24岁。因为生育小伟的时候，她的妈妈已经是高龄产妇，小伟出生后就住进了保温箱，身体也一直比同龄人瘦小很多。

为了让小伟壮实一点，妈妈可谓费尽心思，不仅关注小伟的营养搭配，做饭还讲究色香味俱全——为了让小伟多吃两口。然而，妈妈越是费尽心思地照顾小伟，小伟越是不爱吃饭。他每顿都吃不了一两口，而妈妈也不厌其烦，刚刚撤下饭菜，就又做一顿，不吃就再做，有的时候，一天要为他做七八顿饭。

小伟升上高年级之后，中午需要在学校吃饭。妈妈怕他营养跟不上，每天都让他带饭。不过，这些饭菜，大部分都是他与同学们分享。回到家后，小伟依然吃得很少。每次妈妈催小伟吃饭，小伟就会不耐烦地说："不吃，不吃，我不吃！"妈妈把饭碗放到小伟的手上，说："伟啊，是不是在学校吃得太多了？要不妈妈明天给你少带点，回家不吃怎么行呢？"

"你啰唆不啰唆呀？说了不吃！不吃！你还问！"正在玩游戏的小伟对此很不耐烦。而妈妈似乎已经习惯了孩子的这种态度，继续温柔地说："你吃一点儿，我就出去了。"

小伟停下手里的游戏，怒气冲冲地对妈妈说："我让你出去，不许再进来。"

妈妈对孩子的态度一点儿不生气，继续说道："好，好，你吃一点儿，我就出去，再也不进来了。"

小伟烦躁地把鼠标一丢，站在椅子上，双手插腰，大声地呵斥妈妈："立刻从我的房间里出去，你太烦人了！"小伟面对的似乎不是自己的妈妈，而是一个奴隶，一点儿没把妈妈的尊严放在眼里。而妈妈呢，对于小伟的这种无礼的言行照单全收，情绪依然保持良好。儿子怒目圆睁的不良情绪和妈妈的和蔼可亲表情形成了鲜明的对比。

然而，这样一个在妈妈面前跋扈、任性的孩子，在学校里完全换了一个样子。在我的印象里，小伟是一个非常懂事的孩子，课间总是主动帮助老师擦黑板、发作业，和同学们的关系也处理得很好，很多同学都喜欢和他交往。

他的成绩虽然不是非常优秀，但是从来不在课堂上捣乱，总是能够专心致志地听讲。他还很有正义感，总是能够帮助那些被欺凌的同学。他性格温和，每天都是笑眯眯的，大家都很喜欢他。

家里的小伟在妈妈面前嚣张跋扈，但在老师和同学眼里，他又是乖巧懂事的。是什么让同一个孩子有两种截然不同的表现呢？

其实，孩子在家里的表现和在学校的表现不一致，是一个非常普遍的状况，也是一个非常正常的事，就像我们在领导面前和在家人面前表现出的不同状态一样，孩子在不同环境中体验到的安全感也会不尽相同，这种不同会让他本能地找到一个最舒服的状态，去适应不同的环境。如果孩子的这种反差没有导致其他问题，只要家长守住自己的原则，就很容易改正孩子的这一行为。

但是，在小伟的故事中，造成他"双面性格"的原因，除了他自身对环境的适应，还有一个更大的因素，就是妈妈对他的溺爱。妈妈担忧小伟的身体健康是可以理解的，但是过多的担忧情绪反而成了小伟的心理负担，激起了他的情绪反抗，从而形成了情绪条件反射。

记得父亲在我们幼年的时候对我们说过："吃饭是人的一种本能，饿了自然就会吃，不饿的话，就算是山珍海味也是无味的。"小伟妈妈因为自己曾经是高龄产妇，所以担心他先天营养不足，想尽一切办法后天弥补，这种想法本身就是错误的。小伟虽然瘦小，但在学校的体检中，各项指标都很正常。

要知道，身材瘦小并不能说明体格有问题，每个孩子发育的时间不一样，有的孩子在十三四岁的时候还不到1.4米，可是到了十七八岁就能长到1.9米，有的孩子在身体发育高峰期，几个月就可以长七八厘米。所以，只要孩子的身体没有疾病，家长不用过分担忧孩子的身体健康，要让他们自己开启身体保护功能，要顺其天性，不要单方面揠苗助长。

除此之外，小伟妈妈的情绪过于紧张，总是担忧孩子的营养跟不上，把自己的关注点都引到了孩子的饮食上，这成了小伟的精神枷锁。小伟的本性是善良的，情绪是温和的，只有在妈妈强迫自己吃东西时情绪才会变得不可控——此时小伟的情绪密码开启了自我保护程序。

在孩子的成长过程中，不是只有饮食是唯一重要的。孩子的情感陪伴、思想建设、体能开放、兴趣特长、人生观的建立等，都是父母需要在孩子的成长过程中关注的。如果专注力集中在孩子的某一方面，反而会让孩子紧张，引起孩子的情绪抵抗。

在孩子还处于儿童期的时候，他们只能体验情绪，随着年龄的增长，他们还会逐步地思考情绪，试图去理解参与到情绪事件中意味着什么。相应的，他们建构出一套有关情绪本质和原因的理论。在这个构建过程中，孩子认识到情绪不仅是外在表现，也与内在的情感状态相关。比如，一个小孩看到一个婆婆在流泪，他会根据眼泪猜测出婆婆很伤心。

小伟在很小的时候就用"不想吃"这个举动来反抗妈妈的要求，在他第一次情绪波动时，妈妈的情绪并没有得到激化，而是依然保持着和蔼可亲、温和善意，所以，小伟根据妈妈的情绪判断，得出妈妈对此并不生气，所以自己就可以用这种妈妈并不反对的方式来抵抗妈妈。小伟的反抗情绪不断上升，但是妈妈的情绪没有随之发生变化，这也是小伟为什么可以一直用这种非常不尊敬妈妈的方法来反抗妈妈的原因。

人的情绪是内心活动的外在表现，孩子正是借助对妈妈情绪的猜测、思考，来做出自己行为正确性的判断的。所以，小伟才会在家里和学校里出现两种截然不同的人格表现。

对于小伟的这一问题，如果小伟在妈妈要求吃饭时表现出不尊重妈妈的情绪，父母就应该指出小伟这样做是错误的。要让小伟根据妈妈的情绪表达意识到自己行为的错误，他才能在第一时间建立起正确的情绪表达。

孩子在不同场合的性格反差，也许正是一种不良情绪的前奏。如果父母能够采用正确的教育方法，在孩子思考自己的情绪的时候，根据孩子的情绪判断他们的需求，从而在第一时间纠正他们的错误情绪表达方式。

通过沟通，了解孩子的真正想法，并引导孩子养成良好的习惯，孩子就会逐渐转变，无论在学校、在家庭或者在社会都能一如既往地有好的表现。

# 5. 抽动也是一种情绪的表现

人在长大后，总想回到过去，因为这个世界太嘈杂，只有童年才最无忧无虑。因此，每当大人看到孩子闷闷不乐或者表达不满的时候，总会不自觉地说出那句话——"小孩子叹什么气，难道你比大人的压力还大？"

此时，如果我们能够深入孩子的世界，就会发现，其实每个孩子都有自己的压力，这种压力与年龄无关，比如年幼的孩子感到压力，可能是因为大小便、抢玩具、无法表达自己需求等；上学后，孩子感到压力，可能是因为学习成绩、人际关系、家庭因素等；等孩子再大一点，还可能因为升学、相貌、过高的期望值等因素感到压力，压在他们心头的重量，可能会远超大人的想象。

然而，当孩子感到压力时，只有很少的孩子会选择向大人倾吐心声，一方面是因为他们的语言表达能力有限，无法清晰地表明自己的处境；另一方面可能是由于他们自身知识及经验的缺乏，不懂得向大人求助的方法。还有一种可能，就是孩子选择与父母交流，却没有得到应有的重视。

不管是哪一种情况，都会导致他们出现问题。这种压力积蓄在孩子的心里，不能为他们自身所消化，就会迫使孩子借助身体帮助自己转移情绪，从而表现出很多身体症状。如果你的孩子也有类似的举动，不要怀疑，那是你的孩子在提醒你：我的情绪出现了问题，我非常需要你的帮助……

小远是一名四年级的学生，长得胖乎乎的，可爱极了。但是，在最近一段时间，我却频频收到其他任课老师的投诉，说小远在课堂上捣乱，扰乱课堂秩序。我很奇怪，小远绝不是那种会调皮捣蛋的孩子，难道是到了叛逆期？

正好我没课，就走到教室外面听里面的动静。孩子们正在上外教课，没过一会儿，我果然听到教室里面传来一阵骚动，只见小远低着头，从嗓子里发出一种像八十岁的患了多年喉疾的老爷爷一样的一连串"哼……啊……吭……"的声音。

同学们对小远的这个习惯已经见怪不怪，但新来的外教老师皱起了眉头。她放下书本，神情严肃地看着同学们。

因为小远坐在第一桌，中国助教便走到他的桌子前轻轻地敲打桌面，让他保持安静。几次提醒后，情况并没有得到改善，助教老师干脆就站在小远的身边。一下子，小远被老师看得死死的，他不得不看着外教老师上课。这个时候，他的嗓子又不由得发出了"哼……啊……吭……"的声音。

外教老师有些恼羞成怒，她用英文和中文助教老师交流着什么，助教在连说了几个"yes"后，便对同学们说："同学们，请不要发出奇怪的声音，这会让外教老师觉得你们不尊重老师。"小远意识到自己惹了祸，立刻捂住自己的嘴巴，于是，怪声消失了。

外教老师继续讲课。可是还没有五分钟，小远又忍不住发出"哼……啊……吭……"的声音，外教老师愤怒地看着班上的学生，用极为低沉的声音说了一连串英语。大家把目光转向助教，助教神情严肃地对小远说："请你不要再发出这样的声音，这种声音是对授课老师的不尊敬。在美国，不尊敬老师的学生是会受到教导主任的惩罚的。请大家一定要尊重老师。"

小远感觉到了事态的严重性，他极力克制自己不要发出声音，可越是这样想，他的嗓子就越不受控制。最后，外教老师终于受不了了，情绪崩溃地对着助教说了很多话，然后打开门离开了教室。

助教老师也很气愤，他对小远说："你是怎么回事？因为你的行为，外教老师拒绝继续上课了！"小远委屈地说："老师，我也不知道，我有咽炎，我控制不住。大家都知道的。"说着，他又发出了那种咳嗽声。教室里的空气异常凝重，小远胆战心惊，站在那里不知所措。

看到这些，我心里明白了几分。其实，小远的"坏习惯"并不是一个个例，在我教过的班级中，几乎每个班都有这样的孩子。只是每个孩子的表现不同，有的是不停地打嗝，发出咕噜噜的声音；有的是不停用手擦拭鼻子；有的是不停地挤眼睛；还有不停地用舌头舔嘴唇的……各种各样的表现不同，尤其在他们紧张或者无聊时，这种表现会更加突出。

当孩子出现这种状况时，很多父母的第一反应就是：孩子病了。但辗转几个医院，却怎么都查不出问题。其实，**这种身体状况是孩子的一种情绪表达，叫作抽动性情绪。**

抽动性情绪常表现为孩子挤眉、眨眼、努嘴、抽鼻子、清嗓子或转头耸肩，这些动作快速频繁，且无目的性，总是不由自主地出现，在儿童中发生率极高，约为10%~30%。

它的表现方式也形形色色，还可以相互转换。有的孩子刚开始可能会出现眨眼的情况，过一段时间又会变成歪嘴。

产生抽动的起始原因，有的是由于躯体局部刺激，如因眼结膜或者倒睫刺激眼睛让患儿眨眼，因鼻塞而抽鼻子，但痊愈后，抽动的习惯保留了下来；有的是因为精神过度紧张；还有的与遗传因素有关。大多数孩子的症状较轻，不影响正常的学习和生活，会在几周或几个月后自行消失，少数孩子的症状可以持续一年以上，甚至经久不愈。

这些看似孩子的不良习惯，其实是孩子不良情绪的表达。引起孩子这种不良情绪的往往是某一件小事，给了孩子无法承受的压力，让他感到恐惧、害怕、担忧，因此，他在潜意识中，就把这种内心的感受通过不易被人发觉的小动作或者声音表达出来。

几天后，通过与小远的交流，我终于找到了他产生压力的原因。原来，因为以前的外教老师回国了，小远的班级新来了一名外教老师。这个新老师四十多岁，体态臃肿，做事慢悠悠，总是板着一张脸，和以前年轻漂亮的女老师有很大的差别。

特别是上课的时候，以前的老师总是笑眯眯的，很喜欢和学生开玩笑，给孩子们讲故事，课堂气氛非常轻松。但是新来的老师表情严肃，讲课的时候只是对着PPT照本宣科，少了很多的活力。对于英语能力还不够强的孩子们来说，他们在课堂上只能默不作声了，大家也不愿意参与老师布置的交流活动。

小远比其他人更排斥新老师，经常和后座的同学窃窃私语。久而久之，就有了这个嗓嗓子的毛病。

随后，我对新来的外教老师解释了这一情况。外教老师也对自己的行为感到非常抱歉，不仅向小远道歉，和他握手和好，还在以后的教学中改变了自己的着装方式，换上了更加轻松活泼的休闲装，又买了很多小礼物跟孩子们玩游戏，课堂上又恢复了以往的那种欢声笑语，小远的"坏习惯"也随即消失了。

## 父母课堂

**孩子出现抽动现象，父母应该怎么做？**

**1.观察孩子的情绪是父母每天的必做功课**

学会观察，注意孩子平时的情绪特点，观察是了解孩子最直接、最有效的手段。作为一个称职的父母，不仅要观察自己的孩子，也要观察同龄孩子或者一起学习、活动的孩子的情绪特点，做到心中有数。

如果孩子出现了和其他孩子不同的表现，父母就要反思自己的行为是不是给孩子造成了情绪干扰。

**2.如果孩子性格孤僻、不合群、内向，偶尔情绪化，父母要更加关注**

因为这种儿童的内心极有可能隐藏着很多焦虑和不安等情绪。越早发现孩子的问题，越早做情绪管理，越有利于孩子的健康发展。

**3.如果孩子有了抽动现象，不要责备，避免孩子的抽动情绪进一步加强**

除了文中提到的抽动情绪外，孩子还会不由自主地敲打自己，这种行为被称为"发声与多种运动联合抽动性障碍"。面对这样的孩子，不能责备，以免对他们形成一种暗示。

只有读懂孩子的行为举止，进行科学的情绪引导，才能察觉到孩子无法说出的苦与痛，才能提供他们真正需要的帮助。

# 6. 基因中携带的抑郁情绪

生活中,如果一个成年人长时间闷闷不乐,做什么也打不起精神,旁边的朋友可能会提醒他:"你最近是不是抑郁了?"

但是,如果一个孩子表现出同样的情绪,却可能招来父母的一顿责怪,父母会觉得他是在偷懒、装病。

因为在人们的一般认知中,很难把"儿童"与"抑郁"两个字连接起来,即使孩子出现了一些消沉的情绪,父母和老师也会认为,小孩子哪懂什么叫抑郁?就是有点不高兴,玩一会儿就忘了。

确实,相对于成年人,孩子还不能充分理解自己的情绪感知能力和表现方式。即使他们有心事,也很容易随着注意力的转移而暂时忘掉。但是,这种情绪只是被暂时搁置了起来,并没有彻底消失。在父母的眼中,看到的可能是孩子最近变乖了、变安静了……但他们并没有注意到,孩子的内在力量正在一点点流失。

这种流失往往会悄然发生,很少被人注意。但随着这些情绪的不断积攒,成了埋藏在孩子心里的一颗"情绪炸弹",随时可能被引爆。

丹丹的女儿小欣马上就要上一年级了。这可是家里的头等大事,所有人都被调动起来，只为了给小欣提供一个最好的教育平台：爸爸负责给孩子择校，准备入学事宜；丹丹辞了职，做起了全职妈妈；同住的姥姥姥爷也表态，一定会做好小欣的后勤保卫工作；爷爷奶奶也专门给孩子提供了教育基金。为了小欣的学习之路，一家人可谓做到了极致。

我有时看不过去，也想过要提醒丹丹，告诉她太过溺爱小欣，把她保护得太好了。但每次看到她和女儿幸福的样子，这些话怎么也说不出口。因为我知道，她这个孩子来得太不容易了。

丹丹结婚后一直怀不上孩子，直到结婚八年后，才有了小欣，因为屡次流产，丹丹的子宫壁很薄，为了保住孩子，她拜访了无数名医，吃了数不清的药，怀孕过程中基本没有离开过医院。对于她来说，小欣不仅是那段苦难的见证，更是自己对孩子的爱的无私证明。

正因为如此，小欣从出生以后，就得到了全家人无微不至的关心——每天的饭菜都是精心准备的，健康美味又富含营养。妈妈每天都会为小欣穿什么想半天，绝不让小欣热着或者冻着。至于每天的锻炼时间、学习时间，一家人也是按照精心制定的量表操作。

作为回报，小家伙也给一家人带了无限的快乐。

看着小欣走进校园，丹丹怎么也不放心，就偷偷跟在后面观察。刚开始，小欣表现得非常出色，她按照妈妈叮嘱的话顺利找到了自己的班级，但可能是教室的人太多，她站在门口望着教室里的中年老师，还有十来个和她一样的小朋友，迟迟没有进去。正在她红着眼睛不知道怎样办的时候，老师走过来和蔼地说道："欢迎你，小同学。你叫什么名字？"

小欣怯怯地看着老师，小声说："张欣。"老师对着手里的名册，说了句："有你的名字，赶紧进来找个位置坐下。"可小欣似乎不怎么情愿，小嘴一噘，红红的眼圈里立刻流出了眼泪。

老师看到小欣哭了，赶紧把她抱在怀里，安慰她，问道："宝贝，怎么了？"小欣噘着小嘴，慢吞吞地说："想妈妈。"

老师温柔地安抚着小欣的情绪，说道："嗯，小朋友都会想妈妈，放学后很快就能见到妈妈了，好吗？"听到这句话，小欣停止了哭泣，找了个位置坐了下来。

亲眼看到这一幕的丹丹心里更加不放心了，又继续在窗外观察着小欣的一举一动。

通过一上午的观察，丹丹发现小欣比同龄的孩子爱哭。课间，小朋友无意间把她的铅笔盒碰到了地上，她不知道怎么办，既不和同学理论，也不捡起铅笔盒，一个人在座位上默默地哭泣，直到老师过来帮她处理好。

上课的时候，小欣写字找不到橡皮，老师便把自己的橡皮拿给她用。但她一定要找到自己那一块，如果老师说找不到，她的眼圈又会立刻泛红，眼泪就像泉水一样，说来就来。

到了中午吃饭的时候，小欣吃不完饭盒里的饭菜，但老师说不能剩饭，小欣努力吃了又吃，不一会儿眼睛又红了。老师问清原因后，告诉她："今天剩下没有关系，明天吃多少装多少，好吗？"小欣便觉得老师这句话是在批评她，眼泪又流了出来。老师只好抱着她耐心地给她讲解吃饭的注意事项。

终于，放学了。一直在学校周围徘徊的丹丹假装刚刚赶到的样子，在校门口等着接小欣放学。不一会儿，小欣排着队出来了，但一看到妈妈，就又开始哭起来。

虽然孩子在入学后普遍有一些不适应，但小欣的表现却让丹丹认识到了问题的严重性。毕竟班里的其他孩子都能较好地适应学校生活，为什么小欣会像林黛玉一样动不动就流眼泪呢？

面对丹丹的不解，我告诉她，小欣的这种情况，可能是一种抑郁情绪的外在表现。

同成人复杂的抑郁成因相比，儿童的抑郁多是受心理刺激引起的，如与父母分离，家庭不和受罚，考试不好等，在八岁以上的儿童身上更为多见。

不同时期的儿童表现有所不同，一般表现为：情绪低落，哭闹，发脾气，兴趣减退，自我评价低，不想学习，注意力不集中，成绩下降。严重的甚至有自残、自杀等倾向。

丹丹一听就急了，小欣竟然得了抑郁症？我赶紧告诉她，并不是每个爱哭、内向的孩子都有抑郁症，他们大部分只是一些抑郁情绪的积累罢了，只要父母善于给孩子进行情绪疏导，问题一般都会解决。

就以小欣的事情而言，她之所以出现这样的情况，更多的是在家庭教育过程中，家庭给予了她过多的呵护。在她之前接触的所有社会关系中，都是友善和关心，所以在进入学校前，她所扮演的社会角色只有一个——被爱护的角色。

小孩子在出生之后，就要不断地感受社会的存在，感受社会活动中存在的不同的角色。而过于单一的角色，会让孩子一下子无法适应多角色的状态。比如，小欣到了学校，她就要处理和同学之间的摩擦，这就是最简单的社会角色的建立。只有处理好这种摩擦，才会让她内心更加健康。

另外，小欣的性格一直比较内向，当她遇到困难时，就会表现出抑郁的情绪，用默默流泪表示自己内心的不舒服。但是她从不把内心的不快乐表达出来，也不会通过和老师同学进行交流以获得有效的帮助。在没有上学前，家长帮她处理了所有的问题，所以在学校面对新问题时，她不知道如何解决，这就造成了心理障碍，随即表现出抑郁的情绪。

面对孩子的抑郁情绪，父母首先要有平常心。我们每个人都或多或少有一些抑郁情绪，特别是小孩子，刚刚换了一个环境，孩子必然有很大的不适应，很容易出现情绪低落的情况。如果父母也表现得特别敏感，就会给孩子不好的暗示。

尤其对一些容易患抑郁病的儿童而言，往往是他们自身就存在着抑郁基因，是否表现出来，就要看他们在后期的生活中是否遇到可以激活这些基因的外界因素。

因此，为了孩子的健康，父母要学会以身作则，把自己勇敢的一面展现在孩子面前。

除此之外，还要多和孩子交流，帮他们分析问题，并且找到他们可以实现的具体方法。比如，小欣离开家人，要和很多陌生人一起度过很长的时光的时候，父母就要让小欣把哭的原因表达出来，哪怕她说不清楚，也不要阻止她。

要知道，诉说本身就是一种缓解情绪的方法。

面对困难时，父母要给予积极的引导。比如妈妈可以告诉小欣："橡皮丢了，妈妈也觉得很难过，但是妈妈相信老师一定会找到。"然后，在征得小欣的同意后，再买一块橡皮。先肯定老师的做法，再得到小欣的认可，是为了让小欣缓解内心的压力，不至于造成心理问题。

最后，我也想提醒各位父母，每个家庭养育孩子的过程都是艰辛的，但孩子是独立的个体，无论是几岁的孩子，在不同的人生阶段都有自己需要解决和面对的问题。对于这些问题，如果父母过多参与，而不给予他自己尝试、感受、体验的机会，孩子的成长就会滞缓。

这不仅仅是能力上的滞缓，更是情感、心理上的滞缓。所以，**在适当的时候学会放手，才是给孩子真正的爱的保护。**

# 第一章

孩子的情绪并没有我们想象的那样恐怖，理解、重视孩子的情绪，帮助他们找到情绪的根源，做出正确的引导，是让孩子建立情绪管理的第一步。

在父母与孩子的沟通中，60%是情绪，40%是内容。作为父母，如果不能在孩子面前处理好自己的情绪，再好的内容也会失去意义。

没有害怕失败的孩子，只有害怕孩子失败的父母。当面对失败时，给孩子哭的机会，教他们正确看待失败这件事，才能从根本上控制不良情绪的蔓延。

在孩子的成长过程中，父母需要关注他们的思想建设、体能开放、兴趣特长、人生观的建立，等等。如果专注力过于集中在某一方面，反而会让孩子紧张，引起孩子的情绪抵抗。

孩子的很多不良习惯，其实是孩子某种不良情绪的表达。因为无法疏解，他们就把内心的感受，通过不易被人发觉的小动作或者声音表达出来。

孩子是一个独立的个体，如果不给予他们自己尝试、感受、体验的机会，孩子的成长就会滞缓，不仅仅是能力上的滞缓，更是情感、心理上的滞缓。

第二章

# 解读孩子的情绪，
# 关注行为中隐藏的深层问题

# 1. 愤怒的外表下，是孩子受伤的心

凡是与小孩子打过交道的人，大概都有过这样的体验——小孩的情绪实在是太善变了，经常上一秒还是惹人爱的小天使，下一秒就变成了张牙舞爪的小恶魔，喜怒哀乐随机切换，完全没有规律可言。

尤其是对于新手父母来说，这种体验实在是太令人崩溃了。

孩子的情绪真的是凭空出现的吗？这显然是不可能的，即使是再小的孩子也有自己的原因。记得我儿子小的时候，尤其是三岁之前，特别爱哭，别人都拿他束手无策，但我总是一眼就能看出他闹脾气的原因：有时候是因为饿了、累了、困了，需要补充能量；有时候是因为换了环境不适应，需要大人的安慰；还有的时候是因为玩得太高兴了，只需要给他时间缓冲一下情绪，过不了多久，他就能自己恢复过来。

我们要想找到这些情绪的源头，只有张开怀抱，向孩子伸开双手，用心观察他们的言行，才能听到他们隐藏在情绪之下的那些没有说出的话，才能对他们的情绪进行正确的判断，从而采取相应的措施。

小志是邻居佩佩的孩子，在他小的时候，由于父母工作繁忙，没空管他，我就成了他的"临时监护人"。我也很乐意担任这一角色，毕竟这孩子实在是太省心了，放学回家知道主动写作业，妈妈回来得晚也不吵不闹，走的时候还会自己收拾书包，因为"妈妈说过，自己的事情要自己做"。

有一次，小志考试成绩不理想，连班级前十名都没进。但他的妈妈说，"好孩子只要努力，就一定能取得好成绩。"于是，他就努力在功课上下功夫，别的小朋友下课去玩，小志则自己主动改错题；别的小朋友假期去游乐场，他就拉着妈妈泡图书馆……尽管很多事情小志都解释不清楚，但是他真的在努力做一个不让妈妈生气的孩子。

因此，每次跟佩佩聊到小志的懂事，我都忍不住流露出羡慕之情：遇上这样的孩子，简直是上辈子修来的福啊！

佩佩对这样的夸奖也已经习以为常，骄傲地说："以前小志也淘气，后来我生了一场病，病好以后，只要他一闹，我就说'你要是让妈妈生气，妈妈就会死'，没想到这一招还真管用，只要我一生气，他就会特别听话。"

听到这句话，我心里隐隐闪过一丝不安，似乎对小志平时的习惯有了一些理解，例如他从来不反抗妈妈说的每一句话；他性格温和，从来不和人产生争执，哪怕别人的话让他不高兴，他最多低头不再说话；即使被同学欺负了，他也只是掸掸身上的土，然后告诉旁人，不要告诉他妈妈。

然而，即便小志克制自己的情绪，也还是有爆发的一天。

小志升上高年级之后，为了方便与他联系，佩佩特意给他买了一台手机，说没事的时候还可以用来听英语，小志便收下了。

每天早上出门的时候，小志都要把手机装到衣袋里，然后戴上耳机听英语阅读。有一天，小志出门没有戴耳机，佩佩奇怪地问："你不听英语了吗？"小志一边弯腰穿鞋子，一边说："出门再戴。"

一连几天都是如此，佩佩有些怀疑了。有一天，小志放学回家后，她直接走到他面前，说："你的手机呢？拿出来给我。"

小志一下子愣住了，支吾了半天才说："手机落在学校了。"

佩佩一眼就看出小志没说实话，继续说道："那我和你回学校去拿。"

小志抿了抿嘴唇，第一次没有顺从妈妈的提议，抗拒地说道："放学了，学校不让进，我明天带回来。"

佩佩坚持："没事，我给老师打电话，老师会让进去的。"

突然，小志猛地抬起头来，脸到脖子都变得通红，目光中充满了挑衅、愤怒、不屑等复杂的情绪。佩佩从来没有看过儿子用这种目光注视自己，她一字一顿地说："你要干什么？你要气死妈妈吗？"这句话就像一个按钮，立刻把小志的怒气阀关闭了，小志低下了头。

佩佩又乘胜追击："走！去学校拿手机。"话语中带着绝对的权威，没有丝毫商量的意味。

小志站在原地，一动不动，默默表达着抗议。这个举动把佩佩惹火了，她用手拉起儿子，再次坚定地说："走啊！"

小志双手紧紧地攥在一起，从牙缝里挤出几个字："您别问了，行吗？"而一向被儿子敬重的妈妈，却不肯放过孩子的求饶，坚持要去学校查清真相。

小志突然像疯了一样，抬手用力把妈妈推向一边，闭着眼睛大喊："我说了，别问了，别问了！你还要问！"一边说，一边哭着用力捶打自己。

佩佩被儿子这突然的行为吓坏了，赶紧上前制止小志的自残行为，但怎么也不能让他停手。从来没有见过儿子有这表现的佩佩，一下子惊慌失措起来，她不明白，一向听话的儿子怎么会突然像中了邪一样，简直是疯了。

等小志冷静下来后，他主动请求妈妈的原谅，并告诉妈妈手机被自己摔坏了，他不想让妈妈生气，但是不知道怎么和妈妈说，所以才一直隐瞒。

佩佩怕儿子再做出什么过激的行为，也就没再深究，却在私下里把这件事原原本本地给我讲了一遍，然后充满疑惑地问我："小志到底是怎么了？是不是心理出了什么问题？"

其实，这种情绪失控在心理学上被称为"情绪短路"，它就像电路会短路一样，情绪也会有短时间的失控现象，这也是为什么很多平时善良温顺的人，被激怒后会性情大变的原因。之所以会造成情绪短路，是因为我们自身的情绪容易被牵制和主导。

事实上，我们每个人都会出现情绪短路现象，比如：一个人走在大街上，有人不慎撞到了他，有的人会选择宽容；有的人则会立刻张嘴大骂；还有的人平时素养很高，但是也会不依不饶。后两种人都是情绪短路的表现。这是因为我们的情绪不是完全受自己控制的，它很容易受外因的主导。

小志就是受到了妈妈这一外因的干扰，出现了情绪短路，导致情绪失控。所以，并不是小志自身出了问题，促使小志情绪短路的妈妈才是问题的关键。

因为小志从小到大都在严格管束自己的情绪，秉持着不让妈妈生气的原则，而他也知道自己把手机弄坏这一事件会惹妈妈生气。在手机坏的一刹那，他的情绪已经处于不稳定的状态。

而佩佩作为母亲，没有尊重孩子的情绪，反而处处压制，就像一座积蓄着无数能量的火山一样，一味地堵只能让孩子内心的压力越来越大，迟早会有喷发的一天。

通过观察小志的行为，可以看到他情绪产生的几个不同阶段：第一阶段，是行为上的改变，他回家不爱说话了，这说明他正处在某种心理压力之下；第二阶段，妈妈的强硬触发了孩子的对抗情绪，他这时的行为已经脱离了正常状态，但仍然是可控的；第三阶段，妈妈质问小志，孩子控制情绪的能力下降，情绪开始积蓄、发泄；第四阶段，妈妈继续逼问，小志情绪失控，开始转向攻击自身。

听完我的分析，佩佩沉默了好一会儿，才非常自责地说："是我太粗心，忽视了对孩子情绪的认识，没想到孩子的压力这么大。那如何做才能帮助孩子疏导情绪，减轻他的压力呢？"

我告诉她，"冰冻三尺，非一日之寒"，孩子的情绪问题不是在短时间内谈几次话就能解决的，而需要父母在平常的生活中，善于观察孩子的情绪，并给予及时的指导。就小志而言，把情绪发泄出来，对他反而是一件好事，这可以给他一定的时间做自我情绪的调整。等他情绪稳定了，愿意谈到这个问题的时候，再与他进行沟通。

除此之外，也可以趁机做一个自我反省，告诉孩子，即使做错了事情，妈妈也有心理承受力。家长和孩子之间的关爱是相互的，宽容也是相互的，不能因为自己是家长就对孩子进行道德绑架。

愤怒是哭泣的另一种表现形式。很多时候，在孩子愤怒的外表下，其实是一颗受伤的心。对聪明的父母来说，当孩子情绪失控时，恰恰是一个难得的教育机会，可以帮助孩子明白如何对自己负责，获得情绪上的成长。

## 父母课堂

**当孩子出现反常行为时，应该如何应对？**

### 1.父母要学会管理自己的情绪

当孩子犯了错误，最忧心如焚的自然是最爱孩子的父母，但是愤怒解决不了任何问题，着急只会让自己失去方向，只有冷静地思考，找到正确的解决方法，才可以帮到孩子。如果父母情绪不可控，只会让孩子因为紧张、害怕、担忧等心理活动而更加抵触、防备父母。

### 2.学会换位思考

很多时候，孩子不理解父母，是因为孩子的社会阅历太少，看问题缺乏判断力。而父母看孩子却不同，他们已经经过很多历练，往往能够对孩子经历的事情感同身受，所以换位思考更容易理解孩子。

当孩子出现反常行为时，父母要站在孩子的角度思考：发生了什么？孩子需要什么？什么样的方案才可以解决问题？什么样的方式才是孩子能够接受的？在换位的过程中，可以给双方冷静的时间，从而让双方更好地处理问题。

### 3.做一个能够测量孩子情绪的情绪表，学会情绪的软处理

父母要学会观察孩子的情绪变化，做一个能够测量孩子情绪的情绪表，发现孩子的情绪产生变化时，要想办法给孩子降温，而不是和孩子较量谁的情绪温度更高；可以选择软处理的方式，缓解自己与孩子的情绪。一味用家长的权威压制孩子，反而让孩子的情绪表更加升高。

## 2. 恐惧，来自对新环境的不适应

在学校工作了这么多年，我带过很多届学生。在这些学生中，有的会从入学一直待到毕业，有的会因为种种原因转学离开，也有的会从别的地方转到我的班级里来。

对于大人来说，在这个快节奏的社会里，换个工作，换个新环境生活，没什么大不了的。但对于孩子来说，他们没有大人那样良好的适应能力，学习环境的变化、生活环境的变更，都可能让他们的情绪产生波动，甚至出现恐惧心理。

几年前，我第一次见到天泽时，他刚刚跟随父母从南方搬到北京。他虽然是北京人，但他从来没有在北京生活过。这次转学，也是因为面临着小升初的问题，他才转回北京读书。

天泽的爸爸妈妈都是高级知识分子，天泽也遗传了父母的良好基因，伶俐聪明，情商也高。一般班里来了转学生，都是需要我重点照顾的对象，但天泽跟一般的转学生不一样——刚入学一周，他就和班里的同学打成一片，一点都不怕生。爸爸妈妈看天泽如此开心，对于他转学会有不适的顾虑也全部打消了。

很快，天泽到这儿来已经一个月了。最近，一向开朗的他突然有了一个神秘的举动——每天都要到传达室问有没有他的信件或快递。班上有同学很热心，也会一天几次去帮他问。可是大家问他在等什么，他却一言不发。越是这样神秘，越是激发了大家的好奇心，天泽取快递的事情居然成了班上的一个热点话题。

终于有一天，传达室的师傅交给了天泽一个快递，他高兴极了，抱着盒子回到班里，没有跟任何人打招呼。大家都好奇地问天泽盒子里是什么，他却笑而不语，过了一节课，他才小心翼翼地打开包裹。

距离近的同学探着脑袋，看到里边是各色的信封，一共有好几十封，对于从来没有收到过信件的本地学生，一下子看傻了眼，大家眼巴巴地问："这是什么呀？""这是谁寄的信啊？"天泽没有搭腔，只是一封又一封地拿起来，用手轻轻地抚摸着。信上边只写了天泽的名字，但是字迹各不相同，大家猜想一定是不同的人写的，可到底是谁写的呢？信里又写了什么呢？大家都好奇极了

有的同学就说："天泽，打开看看吧！"而天泽却没有打开的意思。

一上午，天泽格外开心，有时间就摸摸信，看看盒子，但是始终没有打开一封信。大家的心里都想着这些信，一点儿上课的心思都没有。

下午体育课结束后，大家从操场上课回来，只听天泽一声大叫，紧接着就是失声痛哭，所有人都被吓坏了。反应快的同学一眼就看到天泽盒子里五彩的信封被一一拆开了。大家都愣住了，异口同声地问："这是谁干的？"

天泽剧烈的哭声把同学们吓坏了，有同学赶紧来办公室向我报告。我赶到的时候，看到天泽还在号啕大哭。为了不打扰任课老师，我把天泽连同他抱着的盒子一起带到了办公室，劝了好久才让他停止了哭泣。

第二天，天泽脸上的笑容不见了，平时弯成月牙儿一样的笑眼也消失了。他不再和班上的人说话，上课的时候也不举手，下课的时候就自己低头写作业，放学了则径直回家，似乎和整个班里的同学都结了仇。

后来，通过和她妈妈的沟通，我才知道，原来，那一箱子信件是从他原来班级里寄来的。当初，他离开原学校的时候，心里非常不舍，但是他的爸爸妈妈和老师不断地告诉他，新的学校也会有关心、喜欢他的同学，只要他表示出善意，所有的同学会回报他更多的喜爱。为了让他安心，原来的老师同学和他还有一个约定，在他离开后的第一个生日，每个同学都会写一封信寄给他。

原来如此，我恍然大悟。同学的来信，对于天泽来说，那就是每个同学的心，所以他如获至宝，不忍心轻易打开，这说明天泽是一个很重感情的人。而班里的同学仅仅出于好奇心，就把这些他最珍贵的礼物破坏了，他难以接受，从而对所有的同学都表现出排斥。在他眼里，这是一个伤害他的群体，这些同学都不是善良友爱的人。

在这件事情上，天泽之所以会爆发出如此强烈的情绪，有一个原因不容忽视，那就是他生活环境的改变。

不管是搬家、转学、升学、住宿等，孩子都要离开原来熟悉的环境，到一个陌生的地方重新适应。这对于孩子来说，这是一件很大的事情。

面对环境的改变，如果孩子做好了心理准备，就会表现出快乐、积极的情绪，如果没有做好心理准备，就会表现出胆怯、害怕。

对于天泽来说，他来到新的环境，表现得很积极，说明他的父母在前期给予了他很多帮助，让他在心理上有了很充分的准备，所以他才可以很快乐地面对新的环境。但是，任何准备都会有不完善的地方，父母没有考虑到每个环境都是不同的，忽略了孩子生存环境中的每个个体都具有特殊性。在面对种种不友善的行为时，天泽应该怎样去面对，家长在前期并没有给予指导，所以天泽在面对困难的时候，才出现了情绪变化。

适应新的环境，需要一个过程。对于孩子来说，适应一个环境，不是适应和以往环境相同部分，而是适应不同的部分。面对一个新的环境，这些不同表现在哪里，作为父母应该帮助孩子做好预设。

就比如天泽，父母不仅要告诉天泽有友善的同学，同时也有不友善的同学；面对不友善的同学时，天泽应该怎么办。他们只告诉了天泽好的一面，却没有引导他去适应不好的一面，当不好的事情发生的时候，天泽的内心没有解决的方案，所以情绪才会发生变化。

每个人在面对新环境的时候，都会有一个重新适应的过程。对于孩子来说，他在这个过程中可能会出现各种各样的反应，情绪也特别容易出现波动，这些都是很正常的情绪现象。我们作为父母，只有对孩子的这一阶段做好心理准备，才能在孩子出现适应不良等情绪波动时，及时给予他们心理或情感上的支持。

## 父母课堂

**当孩子因环境变化出现情绪波动时，父母应该怎么做？**

孩子的成长过程不可能在一个一成不变的环境中度过，作为父母，我们要做到以下几点。

### 1.多和孩子沟通和交流

家长的人生阅历比孩子丰富得多，人的阅历的来源一方面是自己亲身经历，通过自己的感知获得的；另一方面源于间接的经历。而对于孩子来说，父母的阅历就是他们最好的阅历来源。所以在交流过程中，父母更容易把自己的一些看法、观点分享给孩子，同时也可以更准确地把握住孩子的问题。

### 2.提前预设很有必要

环境改变了，要提前告诉孩子，告诉孩子新的环境中好的一面，也要引导孩子懂得如何去处理新的问题。孩子在情感上有了思想准备，才不会出现情绪的紊乱。

### 3.创造机会让孩子更快地适应新的环境

人是环境中的重要组成部分，适应环境其实就是适应人，这需要通过交往、活动等来实现，所以父母在帮助孩子适应新环境的时候，可以让孩子多和新环境的人接触，在活动中发现每个人的特点，从而让自己知道应该做什么，怎样可以避免走弯路。

**4.要不断观察和调整孩子的情绪**

适应环境的过程，就是自己情绪不断调整的过程，肯定会伴随着高兴、伤心、快乐、不满等情绪的出现。父母有义务随时帮助孩子调整各种情绪，而不是让孩子独立面对一个生疏的环境。发现问题时，及时帮助孩子加以改变，这是一个费神费力的过程，需要用良好的耐心去应对。

## 3. 低落与崩溃，是压力下的不知所措

每次寒暑假开学前后，都是老师为学生和家长答疑解惑的高峰期。很多父母会通过微信给我留言，讲述自己孩子这样那样的问题。其中，出现频率最高的问题，就是"如何提高孩子的学习积极性"。

很多父母颇感无奈地说："孩子不爱上学，回家不写作业，我们之间甚至因此爆发了很多冲突，每天晚上都为了孩子学习的事闹得鸡犬不宁，结果我很生气，孩子心里也有情绪，一提学习的事情就发火，如何跳出这个恶性循环的怪圈呢？"其实，这是有解决方法的，我们先来看一下下面这个案例。

又到了新生开学季，小若是其中一名刚上一年级的学生。刚刚入学三个月的她，充满了孩子的天真和懵懂，让人一看就喜欢。不过，对于全新的学校生活，她还没有确定的概念，只知道每天按照老师的要求去做，就可以得到老师和妈妈的表扬，她每天上课总是坐得直直的，老师则会在她的衣服上粘贴小贴画。回到家后，如果妈妈看到她衣服上有小贴画，就会满足她的小愿望，让她在楼下的小花园里骑上好长时间的滑板车（尽管她不得奖，妈妈也会让她骑滑板车）。

很快，小若的班级已经开始教授汉字，老师给孩子们布置了学习任务："回家练习今天新学习的字，可以写给妈妈看，也可以拍成照片发到班级群，让老师和同学一起看。"小若把这个要求告诉妈妈后，妈妈就要求小若每天把所学习的生字一个写一行，然后发到班级群里，老师就会给小若点一个赞，同学们也纷纷效仿。老师也会给大家点赞，只不过有的是一个赞，有的则是两个赞。

妈妈说："写得好，老师就会给更多的赞，所以你要写得最好才可以呀！"

小若牢牢地记住了这句话，尽管她还不明白这些赞对她有什么好处，但是妈妈会高兴，她自己也高兴，这就够了！

所以，小若每天一回到家，就会认真地写生字。妈妈也陪在小若的身边，一会儿帮她削铅笔，一会儿给她扶着书，全力做好小若的助手。小若按照老师教的姿势，把背挺得直直的，脑袋抬得高高的，写得认真极了。

为了写出最漂亮的汉字，她在写每一笔前都要反复看笔画在田字格里的位置，然后才落笔。要是发现哪里和书不一样，就会擦了重写。

刚开始，妈妈还会表扬小若："真认真！"但是，这样做的结果就是小若写三行字就要写上两个小时，每一个字都会擦上十几遍。

妈妈觉得这样不行，就告诉小若，看好了再写，不要擦，擦了就不漂亮了，但小若才不管妈妈的话，一定要写到自己满意才肯罢手。妈妈为了让小若写得快一点，就表扬她："这个字写得和书上一模一样了。"但小若反复端详了几遍，还是不断地擦擦写写。

最后，妈妈的耐心随着小若一遍又一遍的重写一点点被消磨掉了，她只能给小若提出要求："一个字最多只能擦一遍，你要是一直擦，就证明你没有认真学。"当小若要擦第二遍的时候，妈妈严厉地制止了她，小若抹着眼泪表示不满，她不懂为什么妈妈不同意她把字写好。妈妈见小若一哭，心就软了，也就放松了要求，说："可以再擦第二次。"

小若用哭的方法，又为自己赢得了第三次、第四次修改的机会。最终，妈妈受不了了，把小若的笔抢过来，不让她写字了。小若不知道自己错在哪里，立刻号啕大哭。妈妈见小若大哭，更生气了，就让小若自己反省。

小若在写字的时候，明显没有以前那样积极了，脸上布满了担忧的神色，一脸的不知所措：不擦，字太丑，老师不会点赞；擦，妈妈会训，她害怕又被妈妈罚去反省。在这种矛盾中，小若左右为难，情绪低落极了。

现在，最初对"晒字"非常兴奋的小若，变得厌恶写字了，每天要让妈妈催着才会开始写，即使写了也是一脸的不开心。

如此一来，小若对于学习的热情和态度都有了变化。这是为什么呢？是什么夺走了小若的积极情绪？

一位加拿大的心理学教授曾经指出：父母给孩子过多压力，可能对孩子造成严重的负面影响，而拥有更多自主选择权的孩子，则更容易积极地参与到活动中来，情绪也会更加积极高涨。例如，很多在父母的强迫下参加各种兴趣班的孩子，更多的是出于不想让父母失望，但他们本身却一点都没有享受到学习的乐趣。

反之，让孩子自己选择喜欢的活动，则会对他们的学习热情产生良性的激励作用，甚至让他们将这种爱好持续一生。

以小若的例子来说，她刚刚学习写字，在学习的过程中，肯定还有很多方法没有掌握，更没有形成独立写字的能力，对于她而言，写字只是获得表扬的一种手段，并不是一种必备的技能。在这个过程中，小若只追求一个目标——获得表扬。所以她一遍又一遍地擦自己认为写得不好的字。

作为父母，应该学会换位思考：孩子为什么有这样的行为举动？而不应该仅仅站在自己的角度，要求、命令孩子怎样做，否则这种非主体的教育方式会让孩子进入茫然状态，从而失去最初的方向。

孩子在学习的过程中，会经历很多阶段，我们不能在每件事情上都要求他们做到尽善尽美，不能用家长的臆断破坏他们的情绪，阻碍他们情绪的良性发展，而是要读懂孩子的意图。

建立孩子良好情绪的过程很难，但是摧毁孩子的情绪的过程可能只需要三言两语。

小若妈妈的行为，让小若对于写字产生了抵触的情绪，这可能会扩散到她对学习的热爱程度的降低，在日后的学习过程中，小若可能觉得学习是一件很痛苦的事情，无法获得快乐情绪。

如果非要给孩子一些指导，对孩子来说，行为的引导比思想的说教更加重要。

还是以小若的例子来说，面对孩子不停的修改，妈妈有没有认真思考一下：孩子为什么要擦，她到底擦的是什么，怎样才能不让她擦？

小若刚刚入学，对于她来说，什么叫漂亮的字仅仅是停留在书本上的一个符号而已。想想我们成人学习的过程是什么样的呢？学习开车时，有教练手把手地教你，而不是仅仅看书；学习烘焙时，有老师的视频，而不是仅仅读懂那些材料的质量要求；学习游泳时，教练不仅要示范，还会纠正你的动作……这说明什么呢？我们在学习的过程中不仅仅需要一个标准，更需要一个落实这个标准的人。

作为妈妈，当发现小若无法判断自己的字是不是漂亮的时候，可以给小若做一个示范，告诉她什么叫落笔前的思考，什么叫落笔后的肯定，这对小若来说会更有帮助，而不应该仅仅因为孩子擦了字，延长了学习的时间，就对孩子进行惩罚。

一位教育专家对我说过："一个人只有遇到绝境的时候，才会用惩罚的方法解决问题。"我想，小若在学习中遇到的问题，应该还不能称为绝境吧？

那我们可以怎么做呢？比如，妈妈可以借助老师的外力，告诉老师小若写字的状态，让老师帮助小若；也可以采取鼓励小若制定不擦的考核奖励方法，如果不擦，会给予什么样的奖励。妈妈还可以给孩子示范如何写好一个字，纠正她的坏习惯。

只要肯开动脑筋，一定可以帮助孩子找到更合理的解决方法。

父母课堂

### 当孩子在学习中遇到困难时，父母应该怎么做？

#### 1. 鼓励远比指责重要得多

孩子在面对任何一件事的时候，都要经历一个感受、认知和熟练的过程。在这个过程中，孩子需要不停地改进和修正，才会慢慢地成熟；在这个过程中，孩子们的情绪就像一个钢丝绳上的演员，危险而多变，不知道后边会遇到什么困难。作为父母，给孩子鼓励，让他们有信心克服一切困难，让他们的情绪不受困难的干扰。

如果父母采取指责的方法，就会让孩子在自己主体困难的基础上增加情绪的困扰，从而阻止他们逾越困难的决心。我们要对孩子的心理做减法，而不是做加法，采用加法的结果，往往是得到双倍或者多倍的被动。

#### 2. 分析问题比遮掩问题重要得多

孩子遇到困难，情绪就会受到干扰，因为年龄的束缚，他们也许无法顺利地找到解决问题的方法。作为父母，就应该给予孩子更多的帮助，不仅是行为上的，也要有情感上的。

#### 3. 保护孩子的情绪比完成任务重要

对于孩子来说，他的情绪和他的健康紧密相联，保持高兴的人可以降低自己体内的毒素含量，而抑郁情绪会让体内的毒素含量升高。面对弱小的身体，父母应该尽全力去帮助孩子获得快乐，而不是一点点地摧毁快乐。

# 4. 强悍外表下掩饰的自卑

在这个世界上，有40％的人都有自卑的情结；每个人在其一生中，也会在某一个瞬间产生自卑的念头。只不过，有的人可以与这种情绪和平共处；而有的人却只能带着伤痕，终身忍受痛苦。

与成人一样，自卑也是很多孩子深埋在内心的烦恼。有些孩子的自卑，你可以一眼看出来——他们在外人面前不敢大声说话，不敢在机会面前展示自己，从来不报名参加班里的活动，连看人的眼神都是怯怯的。

然而，这并不是自卑的全部面貌。为了不让外人看出自己的脆弱，有些孩子会给自己的自卑穿上一层保护色。

比如，有的孩子会把心底的自卑转化为孤独与畏缩，为了避免其他同学的嘲笑，他们关闭了自己与外界交流的通道，在孤独中寻找一份虚假的安全感；有的孩子的自卑会转化为取悦和懂事，他们从不任性，永远将别人的需求放在自己的需求之上，以此祈求外界的一丝怜悯，就像一朵低到尘埃里的花，失去了绽放的光彩；有的孩子会表现得非常脆弱和玻璃心，似乎一点点小伤害都会击溃他们心灵的防线，把他们努力维持的自尊一瞬间击得粉碎。

还有的孩子则隐藏得更为隐蔽——他们会将内心的自卑转化成傲慢和强势。虽然他们的外表看上去非常强大，但实际上，他们只是在不经意间学会了用挑衅来假装强大罢了。

在我带过的学生中，有一个孩子让我印象深刻。他的名字叫瑞瑞，是班里调皮捣蛋的头号分子，胆子极大，永远不知道"怕"是什么。

那时，我刚任班主任不久，每天的重点任务，就是盯着瑞瑞又干了什么"坏"事，生怕一个不注意，他就在班里来上一段"大闹天宫"。

有一次，刚上完英语课，英语老师就怒气冲冲地找到了我。还没等她说话，我就知道，一定是瑞瑞又惹祸了。原来，刚才上课的时候，英语老师讲完课文内容后，按照流程让同学们自己背诵，并说好一会儿进行课堂背诵检测。

同学们都抓紧这为数不多的几分钟认真背诵，唯独瑞瑞把书立在桌面上，把头藏在书后，用两支铅笔玩"铅笔僵尸大战"，玩得不亦乐乎。这一切都被英语老师看在眼里。背诵时间结束后，老师开始抽查，第一个同学是班里英语最好的，她很流利地背下来了，第二个也是顺利过关，到了第五个的时候，老师喊道："瑞瑞。"

瑞瑞一愣，因为英语老师上课基本不会叫他背诵课文，也知道他肯定背不下来——瑞瑞的英语一直不好，为此英语老师没少给他苦头吃。瑞瑞呢，见到英语老师也头疼，一上英语课，他就开始用各种娱乐方式打发时间。可是，老师今天不知道为什么喊起了瑞瑞的名字，这让他脑袋一炸，大声喊出了一个字："啊？"

全班同学哄堂大笑，老师无奈地摇了摇头，再次说："瑞瑞，该你背课文了。"瑞瑞没了办法，只能像被抽了筋一样，身子一摇一摆地站起来，左腿弯曲着，右腿不自觉地打着节奏。看着他滑稽的样子，好几个同学都忍不住笑出了声音。

面对同学们看热闹的眼神，瑞瑞表现得毫不在意，磨磨蹭蹭地放下了书。英语老师再一次督促他："你快点，别浪费时间。"于是，瑞瑞从嘴里发出了一个四不像的声音"the"，节奏缓慢，而且声音极低，接着就没有声音了。

英语老师压着怒气，再一次提醒瑞瑞："站直了，请你认真背。"

没想到，瑞瑞突然用很大的声音顶撞道："我怎么不认真了？总要让我放下书吧，音要一个一个发吧！"

他一下子顶撞了老师好几句，老师已经教瑞瑞两年了，知道他学习成绩差，总是捣乱，但还是没有忍住怒火训斥道："让你背课文，怎么这么多废话。"

结果，瑞瑞两手一摊，装作一脸正气地说道："我怎么没背呀？我刚要背诵，您一吓我，我就给忘了。怎么是我的错误了？"

眼看班里的秩序就要失控，老师只好先让他坐下，说："你不用背了，先把课文抄十遍。"

瑞瑞把头一歪，哼哼唧唧地嘀咕道："凭什么呀，我又不是没背。"

老师再也忍不住了，大声说道："你身为一名学生，上课不听讲，不学习，还有理由了吗？"

然而，瑞瑞也猛然回击道："我怎么不听讲了？"说完，他噌的一下站起来，歪着头用挑衅的眼神看着老师。直到下课铃响，英语老师才气呼呼地找我来投诉。

我十分同情地拍了拍英语老师的肩，给她讲了一个故事：

有三个孩子一起去动物园，他们来到一个非常凶猛的狮子笼子前面，心里都非常害怕。一个孩子吓得躲在了大人身后，哭着说："我要回家。"

另一个孩子则强装镇定，他站在原地，哆哆嗦嗦地说："我不怕，我一点儿都不怕。"

还有一个孩子，手里攥起拳头，回头问妈妈："我可以向它吐口水吗？"

这三个孩子，在面对比自己强大的对象时，出现了不同的情绪表达，他们内心的恐惧却是一致的。然而，第三个孩子常常让人误会，因为他不会像前两个孩子那样，让别人看出自己的恐惧，所以他也就错过了向别人寻求帮助的机会。

同样，在学校里，老师代表着权威，为什么瑞瑞却屡次向老师发起挑战呢？是他真的不尊重老师吗？

其实，瑞瑞对老师的抵抗，就像那个要对狮子吐口水的男孩一样——他的强势，只是想要掩盖自己内心的脆弱，是自我内心的一种保护行为。

因为瑞瑞的英语一直学得不好，所以，让他和其他孩子一样背诵课文对于他来说是有困难的。如果他当众背诵，就会遭到其他同学的嘲笑。为了避免自己的自尊受伤害，瑞瑞就必须采取一种强势的抵抗情绪，用这种强势情绪来鼓励自己，并保护自己的自尊心。

对于瑞瑞来说，多次被老师训斥，已经让他成为一个典型的反面教材，他的内心是痛苦的，因为没有一个人想被他人歧视，但是当自己不能靠实力、靠其他方式来保护自己的时候，就会把自己装扮成非常强势的样子，以此获得一种精神上的胜利。

面对孩子的强势，以及别具一格等特殊表现，我们首先要了解孩子的真实想法，弄懂他们到底为什么这样做。

比如，有些自卑的孩子在和别人相处时会处于斗争状态，因为他担心如果自己不主动出击，就会遭受伤害。这表明他对自己所处的环境充满敌意。他觉得听话、顺从是自我藐视的表现。按照他的理解，即使是有礼貌的问候也是屈辱的行为，因此才表现得傲慢无礼。

再比如，我们可以通过孩子在与人交往中所扮演的角色是领导者还是追随者，来判断他的自信程度。有些自卑的孩子喜欢独处，这表明他在竞争关系中对自己没有足够的信心，对优越感的追求过于强烈，害怕无法起到主要作用。与其他孩子相比，他们更加敏感，更加在意别人对自己的看法。

而这些道理，正是不久之前，当了一辈子教师的父亲亲口传授给我的。听完我的分享，英语老师也频频点头。

几天之后，本来提心吊胆等着被老师叫家长的瑞瑞，被英语老师叫进了办公室。不过，等待他的不是批评，而是老师专门给他开的"小灶"。很快，聪明的瑞瑞跟上了同学们的进度，对英语课的恐惧也转为喜爱，成了上课举手发言最积极的那一个。

每个孩子的心灵，都是一个能量体。在他们任何一种强势行为的背后，都隐匿着某一个秘密的弱点。例如，这些对抗性极强的孩子经常不修边幅，他们会习惯性地咬指甲、抠鼻子、假装顽固不化等。在这些不当的举止背后，隐藏着他们害怕的一面，也是他们不自信的一面。

作为老师或者父母，只有从孩子这些虚张声势的行为背后看到他们哭泣的心灵，才能在孩子最需要的时候给予他们包容、理解和帮助。

## 父母课堂

**当孩子用强势掩饰自卑时，父母应该怎样做？**

**1.父母要学会从心里理解孩子**

这样的孩子往往内心更加脆弱，所以父母要更加有耐心，不要急躁。要知道，孩子产生不良情绪都是有原因的，父母要找到其中的原因，因势利导，帮助孩子从这种情绪中走出来。

**2.父母要给予孩子更多的信任，要给他们说话的机会**

每个孩子的内心世界都是纯良的，他们做任何事都是出于善意的。我们要给他们改正错误的机会，给予他们更多的信任，让他们把情绪背后的内容讲述出来，这可以更好地帮助他们改进。

### 3.有时候，不说话也是一个不错的选择

如果孩子的自卑情绪已经形成，对于他们来说，打开内心是一件很受伤的事情，父母要学会保护孩子脆弱的心，不要急于去解决问题。要给孩子时间和空间，只有先让他们觉得安全了，才能引导他们倾吐内心。

### 4.选择适合孩子的方式进行情绪管理

合适的方法，就是适合每个教育个体的方法。任何教育手段都是为了帮助孩子建立一个健康的人格。面对自卑的孩子，帮助他们建立强大的内心世界是需要时间的；要找回他们的丢失的自信，需要一点一点才能落实。

## 5. 忌妒，隐藏着孩子未被满足的情感需求

前一阵子，我妹妹带着五岁的女儿真真来我家玩，正好朋友也带着孩子来我家做客。于是，我们几个大人坐在沙发上谈天说地，而两个年龄相仿的小朋友就在旁边的小桌子上写写画画。不一会儿，真真高兴地拿着自己的作品给妈妈看。朋友家的孩子见状也赶紧拿着画凑过来，等待大家的评判。

为了不扫孩子的兴，我们变着花样地夸两个孩子画得真棒，妹妹也不经意地夸了朋友家孩子的画。没想到，真真一下子就哭了起来——妈妈夸了别的小孩，这是她无论如何都不能接受的。

我妹妹赶紧对女儿解释说："我没有只夸他呀，你画得也很好。"可真真的情绪更激烈了，大声嚷着："你说了，你就是说了！"

"你这孩子怎么这么不懂事？这个弟弟比你小，弟弟都没有哭呢！"

两个人你一言我一语，过了很长时间，我妹妹才勉强安抚住女儿的情绪，哄她睡觉了。等客人走后，我妹妹担忧地说："这孩子最近心眼儿越来越小，我说什么也不管用，以后可怎么办呢？"

在大人的世界里，如果我们指责一个人"心眼儿小""爱忌妒"，通

常都是带有贬义色彩的负面评价。因此，当孩子直截了当地表现出忌妒情绪时，很多父母会觉得难以接受，甚至会产生自责心理，觉得是自己没有把孩子教好。于是，为了纠正孩子的这个"错误"，他们会苦口婆心地告诉孩子，忌妒是不好的，不能忌妒别人，但越是这样，孩子的心就越敏感，忌妒心反而越强。

我儿子刚上二年级的时候，很多事情开始有了自己的主见。每天我去接他放学，他都会主动告诉我，班上某人做了什么事，又发生了什么有意思的事儿等。刚开始时，我很享受和儿子聊天。

但有一段时间，我发现了一个问题：儿子总是说别人的问题，而不会说别人的优点。

有一次，我按照惯例接儿子放学后，刚把一个新买的面包递给他，他就跟我说："妈妈，你知道吗？李月太蠢了，今天老师点名，让同学们上讲台去做题。好多人举手，一起上去的有六个人，其余人都做完了，李月才写了一半，结果还写错了。要是我上去，肯定是第一个做完的，保准全对！"儿子说到这些的时候，一脸的扬扬得意。

我问道："是吗？那你写了吗？"

"写了，我们写在作业本上了。"

"你都对了？"

"本来是能都对的，但是有一道题我没有看清楚，把数抄错了，错了一道。"儿子的声音变得低了很多，刚才的得意劲儿也消失了。

"那有多少人全对呢？"

"嗯……我忘了……"儿子思考了几秒钟后回答道。没等我再问他，他又急忙换了一个话题："对了，妈，你知道吗？老师今天又说李秘了。"

"为什么呀？"我问道。

"能不训他吗？他是体育委员。今天上操的时候，我们班又是倒数第一个出去的，还被体育老师点名批评了呢！多丢人呀，所有人都等着我们班呢，老师还让我们从操场后边跑过去。体育老师沉着脸，大喇叭一广播，我们班主任就开始瞪李秘了。"

"他为什么不带着大家早点上操呢？"我好奇地问。

"他下课就往厕所跑，一分钟都不能坚持，让大家全都等着他。我们能不迟到吗？"

"他是不是病了？"我关心地问道。

"哎呀，没有！他就是不会整队。评选体育委员的时候，我也参加了，我比他少了一票，他肯定是自己投自己的票了，否则一定是我当体育委员的。我要是当了体育委员，肯定不会被老师训斥。他就是没有责任感，这是老师说的。"儿子越说声音越高，甚至回想到了评选的一幕。

我问道："你真的觉得自己比李秘更适合吗？"

"肯定的，我比他强多了。"儿子的语气中明显带着忌妒的成分。

……

类似儿子或真真这样的表现，就是孩子的忌妒心理在作祟。

虽然大人们普遍觉得"忌妒"不是什么好词，但我们不能将成人世界里的规则直接套用到孩子身上，更不能直接给他们贴上"小心眼儿"的标签。

在孩子的成长过程中，出现忌妒心理是一种非常正常的现象。在这些忌妒情绪的背后，往往隐藏着孩子没有被满足的情感需求。

美国作家约翰·斯坦贝克曾经说过："**孩子最大的恐惧是没人爱、被遗弃，这是他们最害怕的地狱。**"从心理学角度来说，忌妒是孩子恐惧情绪的表现形式之一。恐惧自己不如别人，恐惧自己因为不够"完美"或不是"最好"而被遗弃。

长期处于忌妒心理中的孩子，对事物缺乏正确、客观的认识，容易产生偏见，产生怨天尤人的思想，不能与他人正常交往，社会性发展会受到抑制。

因此，当父母发现孩子出现忌妒情绪之后，一定要改变孩子以往错误的认知，既要了解忌妒情绪的危害，也要接受这是孩子一种正常的情感需求，不能横加指责。然后，再通过与孩子的沟通，找出隐藏在他们忌妒情绪之下未被满足的情感需求和行为背后的动机。

比如，通过与儿子的进一步沟通，我发现儿子之所以出现忌妒情绪，是因为那时我刚接手了一个毕业班，每天都在家里谈论班里的学生，却忽视了孩子的感受，让他觉得妈妈不爱自己了，所以想引起妈妈的注意。

而我的外甥女真真，之所以会对妈妈的态度那样敏感，是因为她无意中从父母的聊天中得知，妈妈肚子里有小弟弟了，自己不再是妈妈唯一的孩子了——这种心理上的落差，让她产生了一种本能的危机感。

面对孩子的这种忌妒反应，父母不要急着反驳，而要试着去倾听孩子心里的委屈，让孩子充分感受到自己是被爱着的，同时引导他们看见自己的优点，这样才能从根本上帮助他们完成情绪疏导。

听了我的分析之后，妹妹若有所悟。回到家后，当女儿再次哭着问她："为什么要夸别的孩子？"她没有急着反驳，也没有再指责孩子，而是温柔地搂着女儿，任由女儿发泄心中的不满。

等女儿平静下来之后，她捧着女儿的小脸说："妈妈都不知道，原来你这么伤心。你是不是担心妈妈有了小弟弟以后，就不喜欢你了？"

真真的心事被说中了，又哇的一声哭了起来。这时，妈妈一边帮她擦眼泪，一边心疼地说："妈妈怎么会不要你呢，你是妈妈独一无二的宝贝。不管有没有小弟弟，你在妈妈心里都是无可取代的。"

通过几次这样的反复确认、沟通，真真的心理状态发生了很大的变化，又恢复到以前活泼开朗的样子，即使偶尔听见妈妈夸奖别人孩子，也没有再出现什么激烈的反应。因为在经过了对父母爱的试探后，她确定了自己在父母心中的地位——正是这分爱，让她有了满满的安全感。

## 父母课堂

**如果孩子出现了忌妒心理，爸爸妈妈应该怎么办呢？**

**1. 了解孩子忌妒的起因**

受认知水平的限制，儿童对他人拥有自己不具备或无法拥有的东西，往往会产生一种由羡慕转为忌妒的心理。这其实是很正常的现象，父母平时应多和孩子接触，及时掌握孩子忌妒的直接原因，例如小辉得到了老师的表扬、小玲买了一个新书包等。只有了解孩子忌妒的起因，才能从具体事例中找到解决孩子忌妒心理的方法——这是化解孩子忌妒心理的前提。

**2. 倾听孩子的心理感受**

孩子的忌妒是直观、真实，甚至自然的。它完全不像成人的忌妒心理那样掺杂着诸多的社会因素，只是孩子对自己愿望不能实现而产生的一种本能的心理反应。父母切勿盲目对孩子的忌妒行为进行批评，要耐心倾听孩子的苦恼，理解他们无法实现自己的愿望所产生的痛苦情绪，以便使孩子因忌妒产生的不良情绪得到发泄。

**3. 帮助孩子正确分析与他人产生差距的原因**

儿童的情绪方式主要以具体形象思维为主，他们一般不具备全面分析事物的能力，他们往往会将自己的忌妒归责于忌妒的对象，而不去考虑其他因素。因此，父母应帮助孩子全面分析造成孩子所忌妒对象之间的差距产生的原因，以及缩短差距的途径和方法，以便使孩子能正确与他人进行比较，从而化解内心的不平衡。

**4.培养孩子养成豁达乐观的性格**

告诉孩子人与人之间客观存在的差异，让孩子懂得每个人都有自己的优势和长处，但也有自己的不足和短处。让孩子懂得任何方面都比别人强，是不可能也没有必要的道理。要引导孩子充分发挥自己的长处，扬长避短，并在生活和学习中正视别人的优势和长处，以弥补自己的不足。

# 6. 不爱学习的愤怒，掩藏着孩子的恐惧

有人说，养娃是世界上最难的闯关游戏，我深以为然。且不说孕育路上要经历千辛万苦，好不容易等孩子到了入学的年龄，以为胜利的曙光就在眼前了。但没想到，还有一个世纪性的难题在前方虎视眈眈——孩子回家以后不爱写作业，怎么办？

平时，也经常听家长跟我抱怨，说每天一到辅导作业的时间，家里就鸡飞狗跳，自己随时会被气出心脏病。有些父母为了让孩子养成好的学习习惯，每天放学一回家就督促孩子写作业，但孩子往往会跟大人反着来，催多了甚至会吵架。

难道孩子真的天生跟作业犯冲吗？

暑假开学之后，小关升到了五年级，开始面临小升初的压力。但他对学习的态度一直是个问题，其中最关键的原因，就是他不够自律，如果老师和家长催得紧，他的成绩就会大幅提高；但如果两天没人管他，他连作业都不会写了。

为了让父母承担起监督的责任，我一直保持着每天通过微信给家长布

置作业的习惯。久而久之，小关干脆把这项任务交给了老师，自己从来不记作业内容，因为他知道老师一定会发给妈妈，妈妈又一定会告诉他。也正因为如此，每天小关放学之后，妈妈没下班的这段时间，成了小关最幸福的时刻。

有一天，小关和妈妈都到了家，但因为网络延迟的缘故，老师的作业微信迟迟没有发过来，妈妈以为老师没有留作业，小关以为老师忘记了。正当小关心里窃喜，想着可以轻松一晚上，打游戏的时候，妈妈的电话响起来——老师的作业出现了。妈妈赶紧催着小关去写作业。但小关正玩得高兴呢，他情绪有点低落地说："知道了，这关打完马上写。"

妈妈对于孩子的合理要求总是能够做出妥协："打完这关赶紧写，听到了吗？"小关见妈妈松了口，内心有了一丝喜悦，连连说："知道了，知道了！"可十分钟后，小关已经闯关成功，还是抱着电脑不松手。

妈妈见状有些生气，故意挡在电脑前面，拿出家长的气势，对小关说："写作业，听到了吗？"

小关仰着头看着妈妈，内心涌出一股莫名的怒气，他想：为什么老师就不能不留作业？为什么妈妈非要逼着我写作业呢？讨厌的老师，该死的作业。但是这些话不能告诉妈妈，他只是仰着头，目光中充满了厌恶。

妈妈看小关盯着自己，丝毫没有要去写作业的想法，便严厉地说：

"小关同学，你再不写作业，明天老师请家长，我可不去！"

面对妈妈"最后通牒"一样的语气，小关心里更加不舒服了：为什么妈妈非要自己写作业，不写作业难道就不能学习了吗？妈妈见小关还没有动，有些恼火，面带怒气地说："去写作业！"

小关也不知道自己哪里来的勇气，干脆把电脑往前一推，坐在那里不再吭声了。

妈妈对小关如此强势的情绪反应有些意外，虽说孩子的学习成绩并不优秀，但对于妈妈来说，只要他写了作业，老师不因为作业请她去学校谈话就好了。她平时对小关的要求并不高，今天也仅仅是督促他快点写作业而已，为什么孩子会有如此大的情绪反应呢？

想到这儿，妈妈的语气柔和了一些："作业是你的，不写，明天老师会批评你。丢脸的是你，不是我。"

小关几乎是一字一顿地说："爱说不说，有什么了不起！"妈妈说不过他，干脆转身离开了。

在分析小关的情绪问题之前，我想先解决文章开头的那个问题：为什么大多数孩子不愿意写作业？

其实，这件事情也很好理解，如果把作业想象成上班，相信我们都能感同身受。不过，我们大人在上班的时候，心里明白这么做的意义，所以心里即便再不愿意，也会在早上八点准时走出家门。

但对于孩子来说，写作业只是父母和老师的要求，当他接受这一指令的时候会感受到一种命令和控制。因此，当父母们对孩子下达写作业的命令时就会激起他们本能的愤怒和反抗。

在教学中，通过多年观察，我还发现了一种现象：通常来说，优秀的孩子不会抵触写作业，而学习困难的学生则大多会抵触写作业。这是因为优秀的学生在写作业的过程中，可以获得一种价值满足感。对他们来说，作业写得好，会得到老师良好的评价，这也是他们获得荣誉或表现自我的机会——借助作业，他们能得到一个肯定的评价。

而对于学习成绩不够优秀的学生来说，比如小关这样的孩子，作业经常是让他们获得老师较低评价的一种媒介，他们无法确认作业是否可以给自己带来良好的评价，从而得到情感的满足感，所以对作业的不主动性，正是他对学习效果的不确定性的表现。这部分孩子在学习上还普遍存在焦虑、不自信，甚至自我诋毁等情绪问题。

如果从这个情绪入口继续深入分析，我们还可以发现，一个孩子对学校的态度，可以通过他对学校的任务的表现来界定。

如果一个孩子面对学校任务一直拖延，对上学表现得情绪激动，这说明他对学校是抗拒的。他们对学校的恐惧会以多种形式表现出来。当他们接到学业上的任务的时候，他们会表现得容易生气和愤怒，他们会精神紧张，产生心悸。

所以，当小关以"老师没有通知做作业"来躲避作业，其实是他对学校持拒绝情绪的反应。也就是说，他在学校的学习生活中，没有获得应该得到的快乐、肯定、欣慰等积极情绪，他所获得的只是厌恶、惧怕、紧张等消极情绪。

孩子的情绪就像一个温度计，当温度过高时，需要外界的干预和调整。当孩子的情绪存在抵抗、愤怒等不良情绪的时候，父母一定要重视，找机会深入了解孩子在校的表现和孩子的内心感受，而不能简单地将其归结为因为孩子"懒"或"不爱学习"等。

就像上文中的小关，尽管有一部分原因是因为他留恋游戏，所以才会产生不想写作业的想法，但是其中也有一部分原因，就是小关在写作业的过程中没有获得积极的评价，写作业对于他来说只有负面的情绪表达。而妈妈用家长的权威压制小关的抵抗，是无法改变孩子对于学习的态度的。

他为什么不想写作业，原因在哪里？需要妈妈和小关一起分析，找到问题的根由，才会让小关积极地对待写作业和学习这件事情。

平时，父母看不到孩子在学校的学习表现，更不能全面地了解孩子对于学习的态度，但是通过孩子在写作业时表现出的态度，父母可以捕捉到孩子对于学习的焦虑程度。当孩子对写作业这件事表现出抵抗、反感、厌恶等情绪时，说明他对学习有一定的恐惧。

对于父母来说，遇到这种情况，应该及时帮助孩子进行情绪的疏导，建立孩子的学习信心。比如：可以帮助孩子一起分析，在今天的作业内容中，哪些是孩子可以独立完成，并能够取得好的评价的，父母要及时鼓励和表达赞赏之情；哪些作业是孩子难以独立完成的，父母要给予一定的帮助，帮助孩子减少焦虑，以获得成就感。

发挥好父母的陪伴作用，可以间接地促进孩子对学习的热情。做父母的不能像小关的妈妈那样光说不做，因为这样只会让孩子更加反感写作业，甚至厌恶学习。

# 7. 冷漠是自我保护的外衣

前段时间，朋友圈里流行这样一句话——"在成年人的世界里，连哭泣都是静音模式"。的确，在见到人生真正的苦与难之前，人们总认为难过到了极致的情绪表现是哭泣、是发泄、是歇斯底里……可真到了撑不住的那一瞬间，人往往是哭不出来的，眼泪流在心里，外人一点都不会看出来。

生活在现代社会，很多人说自己变得越来越冷漠，甚至失去了爱别人、关心别人、理解别人感受的能力。其实这不是人心变了，而是情绪出现了问题。

孩子在六七个月的时候，父母对孩子笑，孩子也笑；父母生气，孩子就会难过，通过这种对情绪的识别，孩子开始对外界的情绪做出反应，这是同理心的开始；孩子3岁以后，已经开始具备稳定的同理心，能迅速感知他人的情绪；到了6—8岁，孩子对于情绪的理解更为深入，并可以对别人复杂的情绪做出整合，做出清晰的判断。

然而，在这段共情能力建立的过程中，有些孩子因为种种原因，习惯将自己的情绪隐藏起来，开心的时候不会放声大笑，伤心的时候也不会找人倾诉，似乎将自己装在一个套子之中，很少关注外界环境的变化，对外界环境冷漠而不敏感，让人猜不透他们的喜怒哀乐。

很多对情绪问题不太了解的父母，认为情绪就是大喜大悲。殊不知，**孩子与成年人一样，最真的哭泣是没有声音的，在他们冷漠的表情背后，其实藏着巨大的负面情绪。**长此以往，不仅会对他们的人际关系造成不利影响，还会使孩子养成自私、以自我为中心的行为习惯，尤其是在集体环境中，他们很容易成为不受欢迎的人。

小烨是一个五年级的男孩子，如果用一个关键词来形容他的性格，那就是——高冷。小烨的头发要比班上任何一个男生的都长，他总喜欢穿一件超级宽松的棒球服、一双春夏秋冬永远不变的高腰篮球鞋，惹得班上的同学戏称："你怎么总是穿这双大棉鞋呀！"

小烨很聪明，脑子也灵活，解决问题的能力很强，成绩也不错。唯一让我担心的是他不愿意参加集体活动，和人说话也是一个字一个字地吐，能用眼神表达的从来不用语言赘述；在班里似乎也没什么朋友，总是独来独往。

在新年联欢会的前一天下午，还没放学，同学们已经开始热情高涨地布置教室了。画画好的都挤到黑板前一展身手，爱劳动的就都拿着扫把打扫卫生，而几个手巧的女孩子则在给屋顶和四壁悬挂装饰物。就是没有任务的几个也会聚在一起叽叽喳喳地讨论着明天要带的美食，唯独小烨一个人趴在桌子上一动不动地装睡觉。

"小烨，这个太高了，你能帮我们挂一下吗？"一个女生举着一串彩链推了推装睡的小烨。小烨抬起头，用冷冷的眼神看着眼前的女同学，停顿了足足好几秒钟。

另一个小女孩赶紧说："你也是，非要找这块冰，他才不会帮你呢。"小烨瞪了她一眼，那个女同学似乎意识到自己惹怒了小烨，赶紧转身离开了。

第一个女孩子不愿意放弃，再一次对小烨说："你可以帮我挂一下吗？个子高的男同学都在忙。我个子太小了。"说完，她用祈求的眼光看着小烨。

小烨似乎有所动摇，沉默了几秒钟之后，他慢慢地站起身，从女同学手里拿过彩链。

他抬头看了看头顶，问道："这里？"

女孩子高兴得都快雀跃起来了："是的，就是这里。太高了，你肯定可以够到的。"随即，小烨一个跨步就上了桌子。

小烨站稳后，对着天花板说："给我。"

他眼睛盯着天花板，不想让别人看到自己的表情，更不愿意和别人对视——这是他的一贯做法，即使是跟老师谈话的时候也是这样。似乎他不愿意从对方的眼睛中看到丰富的情感，也不愿意让自己的眼睛出卖自己，以避免流露出太多的秘密。

只见小烨一伸手，就把彩链挂到了灯架上，女同学高兴极了，仰着头说："你太棒了！一下就挂上了。再帮我挂一个好吗？"

小烨虽然没有说话，但在他内心对自己的行为也是极为满意的，行为上也更加积极，一直帮着女同学把所有的彩链都挂完，才从桌子上蹦下来。

从心理学上讲，冷漠的产生主要基于两种情绪来源。第一种是愤怒，当一个人心里压抑了很多愤怒的情绪，又无法发泄，就很容易转变为冷漠，就像两个人吵架，生气到极点就会谁都不理睬谁一样。

第二种情绪是恐惧，当人在受到伤害又无法自保的时候，也会产生冷漠的情绪，比如很多生活在不融洽家庭关系里的孩子，或者遭遇家庭暴力的孩子，很容易形成冷漠的性格。

以小烨的例子来说，他之所以养成这种拒人于千里之外的态度，其实是在用自己的冷漠情绪掩藏自己内心的害怕。虽然他表面上对什么事情都不在乎，但实际上，他只是用冷漠这张假面具将自己的不在乎遮掩起来。

可以推想，在小烨的成长过程中，一定有某些情绪约束过他，让他不得不把自己包裹起来，用一种面无表情的冷漠来取而代之，以遮掩自己再次失败所带来的消极评价。

在这次事件中，当他成功地挂上第一个彩链的时候，他没有表示出排斥这个任务，而是对自己能够完成这个任务感到满意，并从这个任务中得到了成功的喜悦感。

反之，如果他这次挂彩链失败了，很可能表现得非常愤怒，会把失败迁怒于其他人，会认为彩链做得不好，或者认为这原本就是一个不可能完成的事情，别人是想让他出丑。他会用愤怒来宣泄自己的不满。

除此之外，小烨还在用冷漠来遮掩他对成功的渴望。

小烨是一个聪明的孩子，他思考问题的能力很强，在同学提出让他帮忙的时候，他回答得很慢，这是因为他在思考，对于不能完成的事情，他是不会轻易答应的。对他来说，成功是他做事的唯一结果。

小烨只是表现得漠不关心，但这不代表他真的不关心，他关心的是：这件事情他可以成功吗？

他之所以那么特立独行，是为了证明自己与众不同，以此获得别人的积极评价。他不愿意和同学交流，是因为他害怕在交流中会让别人知道他有不完美的地方。

对于每一个孩子来说，冷漠都不会凭空出现。你如果不信，可以观察一下身边年龄比较小的孩子，尤其是婴儿，他们没有冷漠的概念，对谁都报以微笑。因此，当父母发现孩子如果像小烨这样出现了冷漠的情绪，就一定要注意对孩子进行情绪上的引导。

在引导的过程中，父母一定要注意，不要轻易撕下孩子用消极冷漠的情绪包裹起来的假面具。因为，他们的内心比热忱的孩子脆弱，他们害怕每一次的失败和改变。与其给孩子讲一通大道理，不如父母反思一下自己，想一下自己的哪些评价使得孩子的情绪变得冷漠了，在反思中找到使孩子变得冷漠情绪的原因。

父母应该先改正自己，再去改变孩子。

除此之外，父母也要学会等待和宽容。要不断地鼓励孩子，让他们收获成功的喜悦，在成功中改变。这样的孩子一般没有足够的勇气面对困难，他们害怕失败，总是高估别人、低估自己，所以更需要鼓励。

在这个社会中，人除了需要语言交流，还需要情感和心灵上的沟通。儿童时期是孩子情感发育的关键时期，在正常情况下，他们的情感应该有很多美好的要素，包括良好的情绪、责任感、同情心和美感等，但这些情感一旦被冷漠所阻挡，他们的心也会随之关闭。

只有让他们的心重新变得温暖，才能让他们的情绪升温。

# 第二章

情绪也会有短时间的失控现象，愤怒是哭泣的另一种表现形式。很多时候，在孩子愤怒的外表下，其实是一颗受伤的心。

孩子没有大人那样良好的适应能力，学习环境的变化、生活环境的变更，甚至人际关系的陌生，都可能引起他们情绪上的波动，甚至产生恐惧心理。

拥有更多自主选择权的孩子，更容易积极地参与到活动中，情绪也更加积极高涨。

有的孩子，会将内心的自卑转化成傲慢和强势。虽然他们的外表看上去非常强大，但实际上，他们只是在不经意间学会了用挑衅来假装强大 。

在孩子的成长过程中，出现忌妒情绪是非常正常的现象。在这些忌妒情绪的背后，往往隐藏着孩子没有被满足的情感需求。

通过孩子写作业时表现出的态度，父母可以判断孩子对于学习的焦虑程度。发挥好父母的陪伴作用，可以间接地促进孩子对学习的热情。

很多对情绪问题不太了解的父母，认为情绪就是大喜大悲。殊不知，孩子与成年人一样，最真的哭泣是没有声音的，在他们冷漠的表情背后，其实蕴藏着巨大的负面情绪。

叛逆是管出来的，

不让童年成为孩子一生

需要被治愈的痛

# 1. 辛苦又唠叨的母亲与咄咄逼人的孩子

经常听到很多父母向我反映，说："儿子现在特别不听话，有的事我跟他说了很多次，他就是跟我反着来，这该怎么办呢？""现在的孩子人大心也大，什么事都不和我说，我急得团团转，他倒像没事人似的，你说气人不气人？"

我可以理解这些父母的拳拳爱子之心，我也见过不少特别操心的妈妈，有的孩子都上三年级了，还追到学校里给孩子穿衣服，却被孩子在大庭广众之下拒绝，说以后再也不让妈妈来学校了，把妈妈气得直哭。

我们经常说，爱情是握在手中的沙，攥得越紧越留不住，其实孩子也一样。很多时候，父母把自己的唠叨当成对孩子的爱，但这样的爱说得太多，便成了一场"自娱自乐"式的表演。实际上，孩子不听话的根源，恰恰是你说得太多了。

在心理学中，有一种"超限效应"，是指刺激过多、过强或作用时间过久，从而引起心理极不耐烦或逆反的心理现象。意思是，同一件事说得越多，说服力就越弱，还容易引起逆反心理。

在家庭教育中，这种超限效应也在频频上演，比如，父母三番五次针对同一件事对孩子进行批评。刚开始的时候，孩子还照着做，但时间一长，孩子的反应便会从内疚转为不耐烦—反感—讨厌，甚至感觉被控制，出现"我就不""我偏要"等逆反心理。

长此以往，孩子一听到父母的唠叨，可能就会习惯性地抗拒和躲避。这不仅会降低父母话语的权威性，还会破坏亲子关系，让孩子的心离得越来越远。

叶子是我的好友，从小身体就弱，结婚八年，吃了无数的药才有了女儿婉婉。生产的时候，她更是创下了医院的历史——生了四天才把孩子生下来。

刚出生的婉婉可爱极了，头发黑黑的，白得就像一个粉团。但由于早产，孩子一出生就被送进了观察室，一住就是半年。那段时间，我经常陪着叶子医院、家里两头跑，每天，叶子都要把母乳挤出来送到医院，看着护士把母乳配好，自己还舍不得走，趴着玻璃窗流着泪看着自己的女儿在病床上伸着小手小脚。

后来，孩子虽然被接回了家，但她的体质一直比同龄人弱，叶子只能无微不至地照顾孩子。不过，等婉婉到了六年级，身体已经非常健康了，叶子爱操心、爱着急的习惯却一直没变，对孩子的叮嘱也更多了些。

有一次，我和叶子带着婉婉一起出去吃饭，我坐在副驾驶座，孩子一个人坐在后座。一上车，婉婉就拿出手机玩起了游戏。

"婉婉，你不要玩手机，坐车玩手机对眼睛不好。"婉婉刚一低头，就被妈妈的余光抓个正着。"知道了，我就看一下同学的留言。"婉婉解释道。

"每次你都有理由，这样下去，你眼睛还要不要了？还没上初中，近视都400度了，就不能听话吗？"妈妈听到女儿的回答，颇有不满，声音也大了很多。

"我都说知道了，就是看看同学的留言，你怎么没完没了的，吵死了！"婉婉的情绪也开始飙升，本来已经准备退出的游戏，又被她打开了。

"你光说我唠叨，你听话我能唠叨吗？你要不是我女儿，我说都懒得说你。你看，到现在你手机也没关上。我警告你，不能再看手机，否则我就给你没收。跟你讲过多少遍了，在行驶中的车上看手机对眼睛的伤害很大，难道你听不懂吗？"

然而，婉婉似乎一点也没有听到，她低着头，抓着手机的手更紧了："每次无论我干什么，你都会提出反对意见。难道我就没有一点儿自主权吗？我都多大了，还不知道什么该做不该做吗？你天天管着我，你不烦我都烦了。"

"什么叫我天天管你？管你是法律赋予我的义务。我天天管你，你还这样呢，要是不管你，你会怎样？我管你，你听了吗？既然知道我在管你，你还这么多的废话！"

"你管，你管，你管！成了吧，你是多么伟大的妈妈呀，我又没有说不让你管，就是希望你少管一点儿，管那么多你不累吗？我都让你管了十二年了，我就是说说自己的感受，不行吗？什么时候全都是你有理，难道我长这么大了，法律就没有赋予我一点儿权利吗？"

车厢里，母女俩的情绪不断升温。叶子的火气越来越大，婉婉的言辞也越来越激烈，两个人谁都没有让步，彼此都觉得自己委屈得不行。

几乎所有的妈妈都是爱孩子的，对于孩子的成长总是充满了各种忧虑，害怕孩子受冻，害怕孩子吃不好，害怕孩子委屈，害怕孩子被人欺负……面对各种害怕，妈妈们会在孩子面前设防，通过警告、叮嘱、命令的方式，减少孩子在成长中出现的各种障碍。

但是，情绪也有超载的时候，叶子在照顾孩子的同时，忽略了一个问题，那就是：孩子也是一个单独的个体，他们的情绪箱也是有容积的。

一旦父母储存的情绪超过了孩子的容积，孩子就会努力把这些情绪挤压出去。在这个挤压的过程中，就形成了一种力的对抗，而在对抗过程中，如果来自妈妈的情绪占据优势，孩子就会被打压下去，从而在妈妈的掌控下保持自我情绪的沉默，变得不愿意和父母交流，不愿意表达自我。

相反，如果孩子的情绪占了优势，妈妈被反抗下去，妈妈就会产生一种挫败的感觉，觉得自己的孩子不理解自己。无论是哪种情绪获胜，都会造成彼此间的伤害。

叶子之所以觉得委屈，是因为她做的任何事都是出于对孩子发自心底的爱。但对于孩子来说，不恰当的爱同样会带来伤害。

孩子在成长过程中，就像植物一样，他们要慢慢地通过自己的触觉、感官来感受世界的存在，他们要在学习中成长，而不是在妈妈的牵扯下成长。父母管得太多，反而会剥夺孩子自我感受的机会，让孩子觉得自我被压制。为了夺取自己生长的空间，他们便会奋起反抗，不自觉地站到父母的对立面。

给孩子适当的空间，适时放手，是如今很多父母需要修炼的一项基本技能。

善意的提示也好，警示也罢，即使父母的出发点再好，对于孩子来说，都需要一个慢慢吸收的过程，也许是一个月，也许是一年，也许时间更久。切忌就事论事，点到为止，以免物极必反。

回到家之后，我给叶子上了一课，告诉她，这样的教育模式只会让孩子用同样的方法进行反攻，如果真的想让孩子有一个平和的心态，一定要注意自己的言行，不要让唠叨毁掉孩子的情绪。

父母与孩子最大的不同是，父母是可以对自己的言行负责的社会人，而孩子是无法判断自己的言行是否合适的未成熟的人。所以，我们必须学会对自己的情绪加以控制，当我们看到孩子某些不好的言行时，可以提示、教育、帮助、引导，但要做到要求合理，要给孩子一个吸收和改进的时间。

以叶子为例，如果想要让孩子听话，不妨将唠叨换成期望。比如，当婉婉拿出手机时，她可以说："我知道你想看朋友的信息，但车上看手机伤眼睛，如果你等妈妈把车停下来再看，既安全，妈妈开车也放心。"

要知道，对于批评和表扬这两种教育手段而言，表扬所能收获的效果要比批评多得多。给予孩子机会，就是帮助孩子成长。

**父母课堂**

如何克制自己，减少唠叨的频率？

### 1. 控制自己的情绪

作为父母，面对孩子的错误，要学会掌控自己的情绪。不要轻易被孩子的不懂事激怒，要随时告诉自己，我是孩子的榜样，不能让不良情绪打垮我。

有研究表明：愤怒的情绪不会超过12秒，只要度过这12秒，我们就可以控制自己的情绪。12秒，数12个数字，或者在内心想一件其他的事情，甚至把自己的头转向和孩子相反的方向，给自己12秒的时间调整情绪。

### 2. 多听少说，适当放手

对于聪明的父母来说，他们会在自己和孩子的事情间划定一个界限，不会什么事情都大包大揽。如果是孩子力所能及的事，就交给孩子自己去完成，即使他们做得不那么尽善尽美，也要给他们试错的机会。

### 3. 用沉默代替唠叨

尽量用简洁幽默的语言直接表达自己的意图，同一件事情，一天之内不要说三遍。

如果孩子对唠叨的情绪比较抗拒，不如换一种没用过的方式与孩子进行沟通。如果实在控制不住情绪，可以试试"瞬间调试情绪的方法"：当自己即将失控的时候，放慢呼吸，尽量让自己的舌头往后卷，这是一种很好的平复情绪的方法。

## 2. 焦虑会让孩子的情绪受困

有人说，在孩子与父母的关系中，存在一个普遍的矛盾——父母辛劳一生在等孩子的一句"谢谢"，而孩子却在盼着父母能说一句"对不起"。每个父母都想给孩子最好的，却从来没有想过，所谓的"最好的"究竟是不是孩子最想要的？

我见过很多深爱孩子的父母，他们为了能让孩子赢在人生的起跑线上，使尽了浑身解数，动用了所有的关系，他们给孩子最好的环境、最好的生活条件，甚至变得焦虑、唠叨、愤怒，但结果往往事与愿违。

上周，朋友小王对我讲了一件非常令她困扰的事情。她的儿子小乐今年刚上一年级，对学校里的一切感觉既新鲜又恐惧。新鲜的是，可以和小朋友们一起上课、一起玩耍，这是他以前没经历过的；害怕的是，在学校里要见很多老师，每位老师都有很多要求——不能这样，不能那样，这让小乐很苦恼，觉得上学一点都不好玩。

更让小乐觉得不开心的是，自从他上了小学，妈妈也变了很多。以前上幼儿园时，他每天晚上回家后，妈妈总是会先让他吃上一堆水果，还可以躺在沙发上玩一会儿，写作业的时间全由自己定。可自从他上小学后，每天放学回家，妈妈都会很紧张地问他："今天上课举手了吗？""今天老师表扬你了吗？""老师上课都讲了什么？"……

刚开始的时候，小乐还很乐意跟妈妈分享自己在学校的生活，但妈妈问得多了，他就开始反感，变得不愿意跟妈妈说话。每当这时，小王的脸色就会变得很难看，甚至会蹲下身体，把手放在儿子的双臂上，强迫他回答自己的问题。但小王的这种行为通常会让小乐不知所措，甚至哇哇大哭。

然而，只要小乐一哭，小王就会立刻变得更严肃："小乐，你现在是小学生了，只有在学校里认真听讲，才可以学好，才能有出息。你懂吗？"

小乐一边哭，一边配合妈妈的问话，不断地点头。妈妈很满意小乐的认错态度，慢慢地，情绪也得到了缓解。她为了巩固自己的教育成就，又继续说道："以后上课必须认真听讲，积极回答老师的问题。"小乐再次点头，这一天的审讯总算结束了。

这样的对话每天都会在小王家里上演，每次只要小乐没回答出问题，小王眼睛里的温柔就会消失殆尽。为了自保，小乐开始想，应该说些什么才能让妈妈开心一点呢，但是妈妈的情绪已经干扰到了小乐，让他在回家之后的表现越来越不自然，与妈妈之间的谈话气氛也越来越紧张。

如今，在很多育儿教育类书籍中，经常提到一个词——"换位思考"，但关于如何做到换位思考，如何思考才是正确的，却很少有人提及。

其实，这并不是父母做得不好，对于一个非教育者而言，除了自己的孩子，平时接触幼儿或者儿童的机会并不多，全面了解儿童的机会就更少了，所以他们的思维大部分停留在成人模式，很难和儿童换位思考，也不会站在孩子的角度思考孩子可能在想什么、可能想做什么、可能需要什么。

由于儿童还处于发育阶段，特别是刚刚入学的孩子，他们不仅身体没有发育成熟，他们的思想、思维能力、考虑问题的全面性等都会受到年龄的限制。比如，一位小朋友正在做找不同项的作业，他是这样解答的：

题目：将下列不是一类的词语圈出来。

爸爸　哥哥　弟弟　老师

在解答这道题目的时候，大人很容易想到，爸爸、哥哥、弟弟是亲人，属于一类词语；而老师不是一家人，所以不是同一类，应该圈出老师。

但事实上，很多孩子把"爸爸"圈了出来，理由是：哥哥、弟弟肯定要去上学，所以他们会出现在学校里，而老师也在学校，但爸爸不在学校里。所以，哥哥、弟弟、老师属于同一类词语，爸爸不是——孩子们的世界就是这么奇妙。

再比如，有一天，两个低年级的学生看到我在办公室里批改作业。于是，其中一个孩子对我说："老师，您为什么总要批改作业呀？"

我回答："因为你们人太多了，老师批改不完，所以就要总批改作业。"

小朋友回答说："那您太辛苦了，我有好办法。"

我问："你有什么办法呀？"

小朋友回答："我把同学们都变没了。"

孩子对于老师的关爱是纯真的，他们只想让老师少批改点作业，所以认为把同学们都变没了，老师就可以少批改作业了。孩子们不懂得物质守恒定律，更不懂得物质消失的原则，他们拥有的只是一颗单纯、可爱、善良的心。

也许对于小王来说，孩子回答不出自己的问题，就是没有把自己的要求放在心上，肯定是在学校里开小差了，但她没有考虑到小孩子注意力不集中的客观事实。

很多父母如同小王一样，对孩子的心理发展规律并不清楚，对他们的认知发展特点也未必全然知晓。他们所拥有的是对自己孩子责任心，对自己孩子未来思考的担忧心，对老师要求严格执行的配合态度……结果，对孩子发展的过分担忧反而造成了孩子情绪上的压抑。

在我儿子很小的时候，我的父亲告诉过我一句话："孩子该会的，自然就会的。"孩子的发展就像树上的果子，必须要经历发芽、开花、坐果、成长、成熟的过程，每一个阶段都不能缺少。如果人为改变这个发展的过程，就是不尊重科学发展规律，就会造成孩子的发育困惑。

因此，我也将这句话送给深感苦恼的小王，提醒她，要学会用等待的目光看待孩子的发展。作为一名一年级生的学生家长，应该了解这一时期儿童情绪的特点：七岁儿童的心理特点，主要表现为情绪的社会性增强，情绪表现手段多样，能较好地理解消极情绪，并开始理解混合情绪，会采用回避策略调节情绪。

很多时候，孩子因为不知道怎么回答，会采取回避的方式。面对这种情况，一定要学会停下来，我们暂且不追问问题的答案，而是给孩子一个消化、思考的时间。然后再根据孩子的性格特点，采取最有效的方法，对于低年级的小朋友来说，这种更有效的方法就是表扬。

小孩子的世界很简单，就是表扬和批评。他们面对表扬的时候，总会表现得积极主动。

由于这个年龄段幼儿情绪反应的社会性进一步加强，他们希望引起他人的注意，尤其是得到他们心目中的权威人物的重视、渴望与同伴游戏，并建立较为稳定的友谊关系。在这一时期，他人的态度表现会直接影响儿童的情绪反应，成人的表扬会令他们欣喜、高兴，同伴的拒绝会让他们情绪低落。

如果文中的小王可以改变一种方式，将问答的方式转变成转化的方式，比如："我听××的妈妈说，×× 今天又得到老师的表扬了。这是真的吗？"因为妈妈的问话内容和孩子无关，孩子的回答就会轻松得多，情绪也就可以保持稳定。

然后再追问："这么多小朋友都受到表扬了，其中有没有你呢？"孩子获得的信息是妈妈的肯定和赞赏，他的情绪就会立刻变得膨胀和激昂，就会愿意主动和妈妈交流了。

据美国一家家庭研究公司证明，如果父母其中一人有焦虑症状，孩子患焦虑症的风险会是正常孩子的7倍。如果你想用焦虑去绑架孩子的情绪，那么很可惜，孩子对你的焦虑并不买账。

很多父母都没有意识到，与所谓的物质条件相比，良好的亲子关系才是父母留给孩子的最好礼物。如果你期望孩子可以获得更好的人生、更高的成就，就更需要收起自己的焦虑，用更积极的心态和更阳光的状态去陪伴和引导孩子，而不能将这些焦虑和愤怒当作不能控制自己情绪的借口。

# 3. 对错误的放大，终将导致孩子的对抗

时光匆匆，如白驹过隙。转眼间，我已将半生的时光都托付给了教育事业。时间长了，经常有人向我请教教育的秘籍、经验等，但我从来不会讲什么大道理。如果非要我说什么是好的教育，我认为只有一句话，那就是——"始终跟孩子在一起"。

教育从来没有一个固定的模式，而是一种流动的思考。在不同年代，面对不同年龄的孩子，教育的方法也不尽相同，只有深入他们之中，才能发现他们的所思、所想、所求，而不能一味用自己的固有思维对孩子的行为进行否定和批判，比如孩子最让父母头疼的"叛逆期"。

当孩子进入小学，尤其是升入高年级之后，随着他们的心理逐渐从幼稚走向成熟，不可避免地会出现种种"出格"的行为，来向这个世界宣布自己的存在。然而，在父母看来，孩子的这种行为说明他们越来越不听话，大人说东，他偏往西；大人说好，他偏说坏，不管干什么，都喜欢跟父母对着干，类似这样的抱怨我实在听得太多了。

难道真的是孩子越大越不听话吗？其实不是的。很多时候，孩子表现出对抗、叛逆的行为，只是一种较为典型的对抗性情绪。

在我曾经带过的毕业班里，有一个名叫小牧的孩子。从一年级到六年级，我一点点看着他长大。

在学校里，小牧是个乖孩子，从来不和同学打架，从来不违抗老师的指令，从来不逃学，上课也不走神，但是，在他升入六年级之后，我却频频收到来自他妈妈的求助，她妈妈说小牧"叛逆得不得了"，为了教育孩子，她"几乎精神崩溃，整夜失眠"。为了让我了解孩子有多么不听话，她给我讲了下面这个故事：

从小到大，小牧一直有一个坏毛病——丢三落四。所以，妈妈会反复叮嘱小牧：上学不要忘了带水瓶，要把乘车卡拴在书包上，放学的时候要把铅笔袋检查一遍，老师要是留了需要签字的作业，一定要第一时间给妈妈……

然而，无论说多少遍，小牧照样三天丢一次乘车卡、两天少一根圆珠笔，一周要因为签字回执让妈妈跑一趟学校，这让妈妈非常无奈。

有一天，妈妈要上早班，六点就要出门，而小牧上学的时间是七点半，妈妈担心自己离开家后小牧再次睡着，以致上学迟到，所以在临走的时候，特意把小牧从睡梦中叫醒，看着他穿好衣服，坐到餐桌前吃完早饭，并叮嘱他吃完饭后自己预习今天要上的功课，还告诉他自己会在七点半的时候给他打电话，叫他去上学。妈妈觉得这样安排就万无一失了，便踏踏实实地去上班了。

妈妈走后，小牧按照妈妈的要求，吃完早饭，开始读英语书，但是因为今天早起了一个多小时，小牧读了一会儿英语就开始犯迷糊，趴在桌上睡着了。在睡梦中，小牧听到电话铃响了起来，他一下子从椅子上弹起来，拿起了电话。

电话是妈妈打来的，妈妈在电话那头对他说："小牧，到点儿了，去上学。"小牧一听时间到了，就背着书包离开了家。

等他下午放学回家，刚走进家门，就看到妈妈一脸怒气地坐在餐桌前。根据以往经验，小牧知道自己又犯了错误，让妈妈生气了，他眼睛低垂着不敢看妈妈。

妈妈看见小牧进来，气就不打一处来，压着声音道："你给我说说，你早上怎么上的学？"

"我接到你的电话，就去上学了。"小牧怯生生地回答。

"没有忘记什么事情吗？"

小牧想了想，声音更低了，说："没有吧……"

只听"啪"的一声，妈妈的手重重地敲在桌子上，用恨铁不成钢的语气说道："我说了多少遍了，不要丢三落四，你怎么现在连门都不关了？要是来了小偷，咱们家东西就全丢了，你知道这有多危险吗？你怎么这么不听话呢！"

妈妈越说越生气，越说越后怕，伸手就往小牧的身上打了几下。要说小牧是个男孩子，以前妈妈生气，也难免挨过几下打。但以往妈妈下手都很轻，这次却重了很多。

小牧被吓得哇哇大哭，嘴里连声求饶："妈妈，我下次再也不忘事了，再也不了……再也不了……"

然而，不管他怎么求饶，妈妈还是怒气冲冲，不停地指责他："你这个孩子，这么大了连门都不会关，你这个脑子怎么长的？"

这句话非常伤人，已经五年级的小牧一下子就急了，他对着妈妈大吼："你打吧，你打吧，你除了打我还会做什么？我不怕你！"说完，他用力把妈妈推向一边，然后转身进了自己的房间。

面对儿子的爆发，妈妈非常震惊和伤心。她想不通，一向温顺的孩子怎么可以这样对待自己？然而，她不知道的是，"冰冻三尺，非一日之寒"，小牧的这种偶然行为有它的必然性。

人的内心是一个完整的统一体，个体人格的所有表达之间都是互相吻合、前后一致的，是一个持续发展的过程，不会在时间上出现突然的跳跃，人们现在和未来的行为总是和以前的性格一脉相承的，但这并不意味着个人在一生中的所有行为都是由经验遗传决定的。

当然，也不是说未来与过去毫无联系，我们不可能在一夜之间脱胎换骨，变成另外一个人——虽然我们本来就不清楚所谓的自我是什么样子的。

也就是说，即使我们发挥了我们的能力与天赋，我们依然不清楚我们身体里所蕴藏的所有潜能。小牧的反抗不是一时的冲动，它是每个人的内心中都有的自我反抗。这个自我到底有多大的力量，连我们自己都无法衡量。

小牧采取反抗的愤怒情绪回应妈妈的惩罚，是因为小牧对妈妈的这种做法极度不满意。这种不满意并不是在一天内形成的，长期以来，妈妈不停地唠叨，每天对小牧错误的放大，都让小牧从心里开始反抗，这种情绪积压到一定程度，就会释放出来，而且不可控制。

一般来说，孩子在小学阶段产生对抗行为的原因，主要有以下几种。

第一种，父母的行为，比如，父母提出过多要求或指令，处处限制孩子的行动，经常批评孩子，或是唠唠叨叨说个没完等；第二种，是教师的教育方法不当，比如空洞说教、野蛮教育等。

对于小学高年级，特别是五六年级的学生来说，他们在年龄上已接近少年，心理上的自我成熟感加强，觉得自己已经是大人了。因此，他们对来自父母和老师的"指手画脚""唠唠叨叨"特别反感，于是产生对抗情绪，并由情绪指引自己的行为。

如果在这个时候，父母对孩子们的错误采取惩罚的手段，那么父母的行为就会成为他们反抗的理由。这种惩罚强化了他的这种感觉，即他的反抗是正确的。

也就是说，最初小牧对于妈妈因为自己丢三落四造成的错误的唠叨只是感到不高兴，但随着妈妈的唠叨以及身体惩罚的升级，这种对抗也随之升级，甚至让他无法认清自己的错误。

当我向小牧的妈妈说清问题后，她似乎有所顿开悟，但她对有些问题仍然不知如何解决："我打也不能打，骂也不能骂，难道就由着他吗？"

当然，父母一味地纵容孩子是不对的，尤其是孩子还小，他们还不能正确地、客观地评价自己，更不能很好地独立认识社会并指导自己的行为的时候。强烈的对抗行为会影响到他们的学习和生活，也会在他们与父母、老师之间筑起一道厚厚的"心墙"，对他们的健康成长形成负面影响。

对于父母来说，要想消除孩子的这种对抗行为，必须从孩子的情绪问题入手。比如，在生活中尽量以一个朋友的身份，而不是"威严的长辈"的身份与孩子相处。

有研究证实，"民主型"家庭气氛下的孩子的对抗性远远小于"专制型"家庭气氛下的孩子。父母要有意识地让孩子当自己的助手和参谋，与孩子共商家里的事，如到哪儿参观、爷爷奶奶过生日买什么礼品、家里的东西摆在哪儿，等等。

这样做会使孩子感受到父母确实是把自己当大人看待了，这会让他们更加尊敬父母，对抗行为也会随之减少。

除此之外，在教育孩子时，不要一开始就对孩子提出一些过高、过严的要求，而应该从孩子的实际情况出发，要求孩子认真学习，逐渐提高，并要不断地予以鼓励和支持。这样，孩子的对抗行为才会逐渐减少，最终消除。

## 4. 脾气暴戾的孩子背后，是父母的苦毒和抱怨

小铮一直是我心里的一个痛。多年来，我一直惦记着这个孩子。

小铮的父母是在他7岁的时候离异的。小铮的父亲是单位里的中层领导，工作能力很强，自己一路求学来到北京这个一线都市，所以骨子里很要强，人也很上进。他的妈妈是北京人，生活安逸，不愁住房和生计，收入不高，但是对生活也没有太多的奢求。

夫妻两人由于生活观差异，最终被柴米油盐消耗尽了感情，导致劳燕分飞。但是，两个人分开的过程并不和平，双方为了争夺孩子的抚养权纠缠不清，甚至升级到了肢体冲突，还惊动了小铮居住的小区管理方，并打了好几年官司。

最终，小铮被判给了母亲。

也许是比别的孩子多经历了些许磨难，小铮从小就很聪明，逻辑思维能力超强，别的小朋友需要想了又想的题目，他只要看一遍就能想出解决的方法。

然而，自从爸爸离开家后，小铮性格大变，不再愿意和小朋友一起玩，而是自己躲在家里玩各种玩具。妈妈的娘家人都住在小铮家附近，

自从爸爸离开后，几乎每天都有人来关心妈妈，谈论大人的事情。而妈妈呢，也总是在说到伤心处时痛哭流涕。

小铮听得最多的一句话就是："这个忘恩负义的混蛋东西。"每当妈妈哭泣的时候，小铮就会把各种变形金刚玩具摔在地上。

到了小铮二年级的时候，他经常假借生病请假。比如周一一大早，他不想起床，就会告诉妈妈头疼。妈妈就会立刻向领导请假，在家照顾孩子，而小铮也理所当然地可以在家休息。

最初，他只是一两周请一次，后来变成一周至少请三次。有的时候，老师作业留多了，他会说头疼，回家；同学说的话他不喜欢，他会说头疼，回家；英语老师批评他课文背得不熟练，他会说头疼，回家……总之，他请假的理由很简单，但是总能让妈妈立刻来学校接他。

最初，他只请一天假，后来变成两三天不来上课。为此，我多次和他妈妈沟通，但他妈妈的回答很简单："孩子不舒服，先让他休息一下吧！健康第一。"

老师毕竟不是孩子的监护人，有很多的无奈，面对妈妈的软棉花一样的坚决也无能为力。

不过，很多同学倒是对小铮的请假暗自高兴，因为即使他来学校，哪怕是只上一节课，也会把教室搅得天翻地覆。

比如，上课时老师问他："你的书呢？"

他回答："让你管！"然后狠狠地盯着老师，眼睛里似乎要冒出火焰。

"我是你的老师，有责任管你。"

"你管一下试试！"每当这时，小铮就会比老师声音还大，而且立刻从位子上站起来。

如果老师还不肯让步，小铮就会更加毫不示弱地向老师动用武力。有一次，他抓住英语老师的胳膊狠狠地咬了一口，老师的胳膊被他生生咬下了一块皮。

他不仅仅针对老师，对待同学也是如此。要是课间有同学不慎碰到他，他就会抄起坐椅向同学丢去。所以，小铮不来，至少保证了班级里其他人的人身安全。

再后来，小铮干脆一两周不去上学，妈妈也不去交请假条，需要学校的老师亲自上门去取"请假条"。而妈妈为了照顾小铮也是经常请假，最后甚至丢了工作，只能靠小铮父亲的赡养费生活。

最后，小铮干脆休了学，妈妈也给学校递交了长期请假条。

等到小铮进入四年级的时候，我被调到了其他班级，小铮班上来了一位新的班主任。为了熟悉同学们的情况，新班主任主动去做小铮的家访，顺便取请假条。

据后来这位班主任描述，那天，他叫了半天门，也不见小铮妈妈开门，他刚准备走，门里传来一阵响动，小铮妈妈把门打开一点点，用手示意老师不要出声。然而，就是这样轻微的动作，也被小铮听到了，屋里传出了他恶狠狠的声音："告诉你了，不许开门，让他走！"

妈妈一边回应着小铮的话："我知道了，让他走。"一边又把门打开，让老师进来。

小铮的家只有一居室，房子并不大，客厅小小的，东西摆放得凌乱不堪，几乎找不到一个可以坐下的地方。卧室的门紧紧地关着，小铮还在房间里大声吆喝着："让他走！"

小铮妈妈的表情非常无奈，把沙发上的东西简单地整理了一下，让老师坐下。老师关切地询问孩子的情况，小铮妈妈的眼泪一下子就流了下来，她哽咽地说了半天，但只有一个重点，那就是"孩子受苦了"。

也许是妈妈的哭诉激怒了小铮，小铮打开门，身上一丝不挂地冲出了卧室，直奔对面的厨房。他这突如其来的举动把老师惊呆了。妈妈赶紧遮掩说："孩子刚才睡觉呢，估计还没睡醒。"这时，厨房里传出来翻找东西的声音，过了几秒钟，小铮拿了一把刀冲进了客厅，对着班主任厉声呵斥道："你，给我出去！"

听到新班主任给我描述那个画面的时候，我心如刀绞。我脑子里浮现的都是几年前那个聪明伶俐、爱说爱笑的小铮。究竟是什么让小铮一步步变成了现在这个样子？

不可否认，最初，肯定是父母的离婚给小铮的心理造成了创伤。任何一个家庭的解体都不是一日完成的，都有一个漫长的情绪升级过程。

在这个过程中，孩子目睹了父母冲突的各种场面，正处于儿童敏感期的小铮，对他人的情绪具有高度敏感性，父母愤怒等消极的情绪表现对他产生了有害的影响。因为小铮刚刚7岁，而整个离婚事件发生在他7岁之前，那时他的情绪调节能力还没有完全成熟，还处于需要成年人帮助的时候。在这一关键阶段，父母的情绪却在他的情绪发展过程中留下影响，对于他来说，这是一个非常令人恐惧的经历，父母无法提供榜样的示范作用，造成了小铮心理发展的停滞。

如果说，在离婚前，父母的情绪已经对小铮产生了恶劣的影响。那么在离婚后，妈妈采取的情绪失控的方式对孩子的影响则更为恶劣。

妈妈不停地诉说爸爸的各种错误，让小铮觉得最具有安全感的关系瓦解了。他的积极情绪得不到建立，而妈妈的恶劣情绪不断干扰着正在成长中的他。他的情绪体系建立在一个哭泣、怨恨的环境里。而由于孩子对母亲的依恋，他对于母亲情绪的捕捉是最敏感的，母亲的情绪状态潜移默化地影响了小铮情绪体系的形成。

所以，当妈妈抱怨父亲的时候，小铮就对玩具加以破坏，用这样的方式宣泄自己的仇恨情绪。

当小铮来到学校的时候，无法和他人建立起一个正常的情绪关系，无法用微笑、善良、爱心去回馈他人，而是依然表现出仇恨、不相信、伤害等情绪。

除此之外，妈妈作为孩子的监护人，没有正确地帮助孩子，而是任由孩子滋生不良情绪，影响了孩子自身心理的健康。

当小铮承受父母离婚的压力的时候，他的母亲没有帮助他建立良好的情绪系统，而是任由孩子发泄情绪，让孩子在自我情绪的控制中前行，即使选择了错误的行为方式，妈妈也没有给予纠正。

当小铮表现出逃避上学的时候，妈妈采取的是支持的方式；当小铮用武力伤害老师和同学的时候，妈妈没有指出他的错误，并及时加以教育——正是这些所谓的"宽容"，让小铮怨恨的情绪一直发酵、膨胀，最终让小铮自己都无法辨析自己的行为是否正确。

虽然小铮的经历是一个个案，却一直让我难以忘怀，也让我随时警醒自己。

面对生活的挫折，我们身为父母、身为老师，有义务自我消化悲观、伤痛、低落、怨恨等消极情绪，而不能用这种消极情绪影响孩子，让他们在自我情绪体系还没有完全建立起来的时候，受到难以估量的伤害，那可就后悔莫及了。

## 5. 躲开妈妈的情绪魔鬼期

朋友冬身为某500强的企业高管,在工作上雷厉风行,说一不二;唯独一提起孩子,她整个人就像被霜打了的树叶一样,气势全无。她经常说,自己非常失败,能管那么大的公司,却教育不好一个孩子,自己不是好妈妈。

每次控制不住情绪对孩子发火之后,她都会给我打电话,絮絮叨叨地说:"我也不想揍他,但他不听话呀!""每次发火之后,我也后悔,但下次还是控制不住。"最后,她颇为沮丧地问我:"是不是我不配当一个母亲?我觉得别人做得都比我好。"

身为一个女人、一位母亲,我非常理解她话里的焦虑、无奈、内疚、愤怒和深深的无助。

这并不是她一个人的问题,很多妈妈都曾经有过这样崩溃的时刻,尤其是孩子还小的时候,不懂得体谅大人的辛苦,大人的情绪会越来越不稳定。大人一时控制不住把火发在孩子身上,事后又非常后悔,这种循环仿佛是一个魔咒,越是知道这样不好,下次就越是控制不住。

在今年入学的新生里,有一个名叫小山的男孩,与其他精力充沛的孩

117

子相比，小山总是显得特别安静，不爱说话，不爱走动，不爱打闹，不爱欢蹦乱跳，做事的速度也总是比别人慢一拍，比如收拾书包，经常是别的小朋友都准备背着书包走了，他才开始收拾。吃饭时也一样，经常是同学们都准备收起餐具了，小山才开始拿出餐具。

有一天，已经上课了，小山还没有来。难道是生病了？怎么没有请假呢？我正在疑惑，突然听到教室门前的楼道里传来一阵阵孩子哭泣的声音。我打开教室门，一眼看到小山正蹲在墙角，对着墙壁低声地哭泣，书包堆放在地上，衣服也是一半穿着一半耷拉着。

我赶紧蹲下身体，把他从地上拉起来，问道："怎么了，小山？遇到什么事儿了？"小山抬头看着我，眼睛里噙满了泪水，却一个字也说不出来。"咱们先回教室吧！"我给他穿好衣服，从地上拿起书包，拉着他向教室走去。

然而，小山就像没有听到一样，还是杵在原地一动不动。我又一次轻声地问他："是因为迟到了吗？"小山不吭声。

"下次我们早起一点点，就不会迟到了，好不好？"小山还是不吭声。"没关系，老师不会批评你的。"没想到，这句话似乎起了反作用，刚才已经忍住哭腔的小山，再一次大哭起来。

我猜想，也许是"批评"二字伤到了孩子，再仔细一看，发现他的胳膊上有一道浅浅的伤痕，我似乎明白了什么。

下课后，我立刻给送小山来的妈妈打了电话，想证实自己的猜想，妈妈一听我问孩子胳膊上的伤，赶紧小心地解释道："他早上起床太磨蹭，我让他快点，他还是不听话。眼看就要迟到了，我一生气就拿衣服打了他一下，估计是拉锁碰到的。"

下午放学的时候，小山的妈妈来接孩子，我特意把她拽到一边，再一次询问孩子受伤的事情，并跟她说："孩子动作慢，又不是一天两天了，我们要慢慢地帮助他改掉这个缺点，不能太着急，火气再大也没有用呀！"

小山妈妈点点头，说："我平时也不是这样的，只不过今天正赶上生理期，一下子脾气上来了没有控制住，我也特别后悔。"

看着小山妈妈懊悔的样子，我顿时想到了朋友冬。在生活的重压下，每天扮演好一个情绪稳定的成年人真的很不容易，而每天扮演好一个情绪稳定的妈妈就更不容易了，面对自己突如其来的情绪变化，很多人会因此自责，甚至会为自己为什么有这样的情绪而无法释怀。

曾经，我也经历过类似的阶段，尤其在儿子小的时候，我还没有适应妈妈的角色，每个月总有那么一段时间，心情会莫名其妙地烦躁，家里人都不敢惹我。刚开始的时候，我也特别讨厌那样的自己，但后来我想通了，所有的情绪都是人体正常的自然反应，不是你想开就开、想关就关的，只有先把情绪当作一件正常的事情去看待，才能避免自己陷入愤怒—后悔—再发火的旋涡。

尤其对于女性来说，在遇到生理周期的时候，难免产生情绪的波动，特别是生理期前后的几天，有的时候性格会变得特别暴躁，有的时候又特别抑郁，这种自我情绪的变化不受自己的控制，尤其是平时性格就比较急躁的人，情绪会更为不稳定。

这是因为女性在那几天里的内分泌激素水平发生了变化，这影响了女性的心理和行为。而作为孩子的妈妈，会因为孩子做错了事情，或者发生特殊事件，比如孩子生病、淘气等，使情绪更加不受控制。所以，这一时期的妈妈会很容易被孩子的错误所激怒，而导致情绪失去控制，从而做出错误的决定和行为。

同时，处于情绪发展时期的孩子，无法通过调节自身情绪来适应妈妈的情绪。如果妈妈情绪特别不稳定，就会让孩子出现恐慌、没有安全感、胆小等反应。

以上文小山的故事为例，因为小山起得晚了，耽误了上学时间，所以妈妈生气，控制不住自己的情绪，小山妈妈就属于在生理期情绪波动较大的女性。以女性生理期大约28天为一个周期，也就是一年内妈妈至少要有12次情绪不稳定情况，而女性生理周期大约为7天，也就是说妈妈每月有7天处于情绪暴躁时间，而在剩下的日子里，妈妈的情绪是否稳定还要看妈妈的气质类型特点。

也就是说，小山每个月都有几天会因为妈妈的情绪不稳定而感到不安。

对于小山来说，这不仅是漫长的7天，也是跌宕起伏的一个月，长期与情绪波动很大的妈妈相处，会对小山的性格、情绪等造成不好的影响。因此，小山就会比其他孩子更容易害怕、躲避、不活泼。可以说，他平时的少言少语、情绪不外露与妈妈的情绪失控有一定的关系。

对于大人来说，每一个管理不好的情绪背后，都有各种各样的原因，可能是工作，可能是生活，也可能是身体激素的变化……但在孩子的眼里，他们只看见了一个与平常不一样的妈妈——妈妈的坏情绪时不时地会对他们的情绪产生影响。

不论是我、朋友冬，还是小山妈妈，抑或是所有拥有母亲角色的女性，没有哪个人是生下来就知道如何做一名合格的母亲的。我们不必苛责自己——因为成为一名好妈妈，从来都不是一件容易的事。

我们能给予孩子的最好的礼物，便是在陪伴中，与孩子一同学习、一同成长。

**父母课堂**

**作为妈妈，如何平稳度过每个月的情绪变化的生理期？**

**1. 掌握自己的生理期**

在生理期快到的时候，自己要有意识地提示自己。对于情绪容易不稳定的家长，更要与孩子的爸爸做好配合，尽量避免因为自我生理问题而对孩子的心理和生理造成困扰。

**2. 保持良好的情绪和心境**

身为妈妈，要有责任感，在熟悉自己身体的情况下，要比孩子更有承担责任的勇气，也就是要尽量保持自己良好的情绪和心境。如果遇到实在不可控的情况，根据12秒原则，让自己尽量保持放慢呼吸的方法，屏蔽掉自己看到或者听到的有关孩子的不好的信息，给予自己一个良好的情绪。

### 3.注意饮食和运动

在这段时间里，可以吃些新鲜的蔬菜和水果，吃些高蛋白食物，多喝水，让自己的身体能迅速补充能量。运动是最好的让情绪稳定的方式，适当的锻炼可以让心情快乐起来。以便给予孩子一个良好的情绪氛围。

## 第三章

**01** 同一件事，父母说得越多，说服力就越弱，还容易引起孩子的逆反心理。这不仅会降低话语的权威性，还会破坏亲子关系，让孩子的心离得越来越远。

用等待的目光看待孩子的发展。父母对孩子发展的过分担忧，反而容易造成孩子情绪上的压抑。 **02**

**03** 很多时候，孩子表现出对抗、叛逆的行为，只是一种较典型的对抗性情绪。这种情绪积压到一定程度就会释放出来，这种反抗正是孩子心里不满情绪的发泄。

父母的情绪会绑架孩子，如果父母不能及时调节自己的不良情绪，会给孩子带来难以估计的伤害。 **04**

**05** 处于情绪发展期的孩子，无法自主调节自身情绪。如果妈妈的情绪特别不稳定，就会造成孩子恐慌、没有安全感、胆小等反应。

第二部分：

掌控情绪魔法盒——
让情绪成为孩子的好朋友

第四章

## 接纳孩子的情绪，
## 是改变的开始

# 1. 孩子只听老师的话?

你的孩子最听谁的话?

爸爸妈妈、姥姥姥爷,还是爷爷奶奶?

恐怕都不是。最能震慑"熊孩子"的称谓只有一个,那就是:老师。

朋友家的孩子刚上幼儿园,他平时是家里的小霸王,要月亮,家里人不敢摘星星。每次他吃饭的时候,更是家里一景——经常是他在前面跑,姥姥捧着饭碗在后面追,追上了喂一口,吃完就又跑了。

不过,只要一进幼儿园,他就像孙悟空被戴上了紧箍咒,再也不敢撒泼耍浑,吃饭睡觉都完全按规矩来。要是他平时不听话,只要说一句"告诉你的老师",就能起到震慑作用。

对此,朋友哭笑不得地说:"你们老师到底有什么魔力?怎么他只听老师的话,就是不听我的呢?"

朋友的这个问题,可能是天下所有父母都困惑的一个问题。也经常有家长会当面对我说:"您好好管管他,孩子就听您的,您的话就是圣旨。"虽然这句话似乎是对老师的一种肯定,但我的心里高兴不起来。

不管老师在孩子的成长中占据多么重要的位置,父母才是孩子的第一任老师，也是陪伴孩子时间最长的老师。与其把孩子的教育问题都交给老师，不如换个角度来想一想，为什么孩子只愿意听老师的话？

小可是我教过的一个孩子，她今年上四年级了。在我的印象中，小可在学校表现很好，上课积极发言，声音洪亮，思维活跃，下课和同学们相处得也很融洽，还有几个特别要好的朋友经常一起聚会。此外，她还多才多艺，特别爱跳舞，每年都会参加学校的舞蹈比赛，获得了很多奖章。

然而，就是这个在我看来非常优秀的孩子，每次她的妈妈来开家长会，都会一脸愁容地对我说："您帮我多管管她吧，她太不听话。我说什么她都不听。"

刚开始，我还觉得这是小可妈妈礼貌的谦辞，不过是见到老师说些客套话罢了。然而，不久之后的一次活动让我明白了小可妈妈所言非虚。

上个月，学校组织家庭亲子活动，小可和妈妈都参加了。老师们因为要照顾全班同学，便让孩子们和家长先自由活动。

小可的个子比较高，但毕竟还是个孩子，她把身体紧紧地黏在妈妈的身上，头靠在妈妈的胸前，这是多么幸福的一对母女呀！所有人看到这一幕都会发出这样的感慨。妈妈也温柔地笑着，手里拿着水壶，想让小可喝口水，小可便张大嘴巴等着妈妈给她喂水。

小可已经是十几岁的大孩子了，而且在学校这样的公开场合，妈妈觉得这样做很不好，便命令小可自己喝水。这下小可不乐意了，干脆视妈妈的命令如无物，继续张着嘴巴等喂水。

在周围人的注视下，妈妈觉得自己必须得立点规矩了，便板起面孔，对小可严厉地说："快点，自己喝！"

小可被妈妈的这一举动吓了一跳，但妈妈总是说说而已，她也没当回事儿，继续撒娇道："我就要妈妈喂！"

"我让你自己喝。你怎么这么不懂事呀？喝水还要人喂吗？"妈妈神情严肃地说。可小可不理解："妈妈喂怎么了？在家不都是这样吗？"

"这里是学校，不是家里。老师、同学看到怎么办？"

"看到就看到呗。再说，他们都在忙着参加比赛呢！"小可想尽办法跟妈妈讨价还价，就是不肯自己喝水。

正好我这边刚忙完，准备让大家集合了，看见这一幕便走过去，看着水壶，又看着小可。

小可一下子就明白了我的意思，立刻从妈妈的手里抢过水壶，咕咚咚地喝了好几大口。妈妈立刻露出了无语的表情，对我说："你看看这孩子，就听老师的，我说什么都和我对着干。"

相信很多人看到这个例子，都会觉得孩子不懂事，会看人下菜碟，或者说老师太严厉了，但实际上又是怎么回事儿呢？

关于这一点，我们必须先了解孩子的情绪建立过程。

儿童最先在家庭中学习情绪，他人与婴儿交往的方式可以传递情绪信息、可以表达情绪的场合、可以用来对付引发情绪的环境的行为等。所以，儿童与他人关系的类型，能决定情绪社会化发展的方式和程度。

儿童和家人之间，特别是与母亲之间有着依恋关系。母亲处理儿童情绪表达时的敏感性被认为是促进了依恋的安全性，而不敏感就会造成不安全的依恋。

二者相比较，有安全依恋关系的儿童可能发展出不同的情绪调节策略。

而这种依恋关系又与儿童的类型有关。

其一，安全型的孩子。对于这类孩子来说，无论是表现积极的情绪还是消极的情绪，父母都能接受，所以，他们敢于直接、公开地表现自己：有了困难会直接和家长说；伤心了会直接表达；高兴了也不会遮掩。

其二，回避型的孩子。对于这类孩子来说，他们大多都有过情绪表现不断被拒绝的经历，特别是消极的情绪。因为这是母亲经常回避的情绪。所以，孩子为了避免被遗忘或者被拒绝，形成了一种隐藏苦恼痕迹的策略；同时，积极的情绪也会被克制，因为孩子会觉得即使自己要分享积极情绪也会被大人忽视。

其三，反抗型的孩子。在他们的成长过程中，父母对他们情绪表现的反应是不一致的。因此，他们形成了夸大情绪的策略，特别是夸大消极情绪，以吸引家长的注意力。

通过与小可妈妈的沟通，我了解到，小可从小生活在一个和睦的大家庭中，每个成员都对她疼爱有加。正因为如此，在小可的成长过程中，她的要求总是能够得到家庭成员的极大满足。她和家庭成员——特别是妈妈之间的依恋关系——会让小可觉得很安全。

所以，小可可以在妈妈面前直接表达自己的情绪，高兴也好，生气也罢，都会直接表达出来。因为她知道，自己表达的情绪一定会得到家人相同的情绪反馈。

而老师不是小可的家庭成员，她对于老师情绪的捕捉是依靠自己对情绪的思考，她意识到老师不满意，就会采取行动，获得老师的认可。所以，同样一个孩子，在老师和家长面前就表现出了不同的行为方式。

除此之外，老师之所以在孩子的心目中占有"权威"地位，是因为老师始终能够保持用一种正确的态度和情绪对孩子进行教育。

用一种简单的方式来说，就是老师是有原则的，而且这种原则不会根据客观条件的改变而发生变化。

老师要求孩子做到的，自己也会做到，不会朝令夕改。

老师做事奖罚分明，教育孩子的时候秉承的原则是"严而不厉，爱而不溺"。

反观一些父母，他们在教育孩子的时候，会出现情绪化的特点，高兴的时候，孩子怎么闹都可以；不高兴的时候，孩子怎么做都不满意，不会以身作则，家里家外言行不一。这种教育方法的偏差，会让孩子不知所措，无所适从，养成事事以自我为中心的不良习惯。

还是以文中的小可妈妈为例，想要树立自己的家长威信，在日常生活中就应该坚持自己的态度，让小可自己喝水，而不是看到孩子不满意就开始退让。

只有先让自己在孩子心中有威信，才能在与孩子周旋的时候得到他们的信服，促进孩子健康成长。

## 父母课堂

**如何成为孩子心中有威信的父母？**

**1.面对孩子的消极情绪态度要坚决**

当孩子的要求得不到满足的时候，孩子会表现出不满、伤心，甚至哭闹等消极情绪。面对孩子的消极情绪，父母不能因为出于对孩子的保护意识就退缩让步，而是始终坚持自己的原则。

**2.情绪传达指令要清晰**

对孩子来说，特别是对有依恋关系性格的孩子来说，来自父母的情绪指令要清晰，不能让孩子觉得可以做也可以不做。要想很好地掌控孩子的情绪，父母就要有规则意识，不能当孩子出现哭闹等消极情绪时就改变自己的情绪指令。

**3.信息不重复**

不要针对一个问题反复唠叨。有些父母每次会跟孩子说同样的话，但没有留心孩子听过之后的感受。这样不仅不会起到提醒作用，更不会帮助孩子形成自我驱动力，反而导致早期干预失败，使孩子对父母的指令充耳不闻。

**4.说话算数，以身作则**

尽管父母会因为种种琐事导致无法兑现对孩子的承诺，但这样的次数多了，难免让孩子失去信任感。如果有些事情无法做到，要认真对孩子说明原因，并想别的办法进行弥补。

## 2. 不吼不叫,孩子才会听你说

晚上下班回家,我刚走到小区门口,就听见大门里传来一声怒吼:"你这孩子怎么这么不听话?一说你,你就哭,立刻给我把嘴巴闭上!"话音刚落,一个孩子立刻从号啕大哭转成了委屈的呜咽。

这个被训斥的男孩,正被妈妈拖着向前走去,一边走还一边不停地回头张望。等我走到近前,才发现刚才母子站立的地方黏着一个刚被剥掉糖纸的棒棒糖。想必是孩子不小心把糖弄掉了,妈妈又着急回家,才没有耐住性子冲孩子发火的。

对于各位父母来说,这样的场景是否特别熟悉呢?

据一项调查显示,90%的父母都曾经对孩子大吼大叫过。有时候确实是孩子不听话,但也有时候是父母平时的工作压力太大,拿孩子当了出气筒。事后,虽然自己也后悔,但下次依然如故,这成为很多父母在生活中的恶性循环。

但是,从孩子的角度来说,当他们被大声吼叫之后,心里又在想些什么呢?

我曾经就这个问题,在班里做过一个问卷调查,结果,有很大一部分孩子表示，当父母对自己大吼大叫的时候，自己完全被吓傻了，至于父母说了什么，则一概没有听到。

还有一部分孩子说，自己特别讨厌父母发火的样子，即使他们说的是对的，自己也不想认错，还会找机会反抗。这两种想法，不管是哪一种，相信都不是父母愿意看到的结果。

然而，可能有的人又会说，现在的父母真是太难当了：批评孩子，怕伤了他们的自尊心；打骂孩子，怕让他们失去安全感；大吼大叫呢，又不利于他们情绪的培养，难道我们这些父母亲，就活该被活活憋出内伤吗？

当然不是，只不过，相比吼叫这种无意义的教育方式，其实有时你一个严厉的眼神，一句低声的话语，就足以对孩子产生教育作用。

有一次，我到朋友家里去做客，她家有一个一岁零七个月的孩子，我们谈话的时候，小家伙就在各个房间来回穿梭，弄出各种乒乒乓乓的声音。小家伙的贴身保镖——就是孩子的奶奶——一位年近七十的老人，当孩子在前边溜达时，老人时不时在旁边看一看，还不停地向我道歉说："孩子还小，不大懂事，影响你们工作了。"

听到老人这样说，我倒觉得有些过意不去，因为我的到来，不仅干扰到了一家人的正常生活，还影响了小家伙的自由天地。

小家伙起初更多是在自己的儿童房里玩，也许是房间空间有限，我们这一群人的谈话声音也似乎打扰到了他，他就自己一路小跑着来到了我们身边。然而，我们这些陌生的人对于他来说似乎没有什么意思，在端详了我们一会儿后，他发现还是自己爬习惯的沙发更好玩。

于是，他伸直双臂，展开双手，猛一用力，竟然一下子爬上了沙发，看得我们几个都忍不住夸奖他一番。也许是我们的笑让他感受到了我们对他的友善，他也"恩赐"给我们一个快乐的笑容。

正是这彼此的"赏识"，让他对朋友放在沙发上的挂着金闪闪的小熊装饰的我的提包产生了兴趣，他沿着沙发脊不断地靠近那个提包。聪明的奶奶一下子就领会了孙儿的意图，她快速走到他面前，没有斥责他，更没有发出任何言语的号令，而是板起面孔，眼皮低垂，佯作发怒的样子，鼻子中发出低低的"嗯"的一声。

仿佛条件反射一般，孩子一下子就抬起头，目光落在奶奶的脸上，刚刚伸出的准备拿书包的小手，就那么尴尬地悬在半空中，一下子整个人都僵住了。

我颇有兴致地看着这一幕，从这个刚刚一岁多的小娃娃的眼睛里，我看出他正在用他仅有的情绪思考力揣测奶奶的想法，他既有些害怕，又想为自己争取更大的权力。

宝宝的手就那么悬着，奶奶的表情同样坚持，双方僵持不下，最后还是奶奶占据了上风，她鼻子里"嗯"的声音也更加有力。这次，宝宝似乎快速接收到了奶奶的信号，小手立刻就落了下来，似乎是为了维护自己落败后仅存的尊严，宝宝开始用手指胡乱地抠着沙发的后背，样子可爱极了。

这时，奶奶觉察到了我的关注，开始颇为自豪地跟我分享她的教育理念，说道："你别看他小，其实他什么都懂，知道自己干坏事呢，只要给他一个眼神，他就知道自己不该做了。"

出于职业的好奇，我问奶奶："您太有智慧了，很多人遇到这种情况就只会骂。"奶奶摇摇头说："小孩子总是骂，他就不怕你了，还会变得更不听话；不如让他看懂你的指令和眼神，这样效果更好。"

不得不说，老人的智慧真是无尽的宝藏。她所说的这种教育理念，恰恰是最科学的，也更利于孩子良好性格和情绪的建立。

曾经有心理学家做过一项研究，发现在处理同一件事时，用低声调说话，会让孩子更容易接受。

究其原因，低声教育最大的好处，就是当父母在降低音调说话的时候，会使自己的情绪先冷静下来，使自己变得更理智、更有分寸。这种情绪也会传递给孩子，降低孩子的逆反心理，使孩子跳出情绪的控制，恢复理智的思考。

除此之外，使用低声教育的方法，还可以让孩子集中注意力，更好地理解你话里的意思。而不至于被一吼就变得大脑一片空白。

以上面的例子来说，当宝宝表示出要和奶奶对抗的情绪的时候，奶奶没有采取呵斥或者恐吓的方式，而是让宝宝自己从奶奶的神情中读懂奶奶的意思。通过这种行为，奶奶传递给宝宝的是一种和平解决问题的情绪。

对于不到两岁的孩子来说，他正处于感受各种情绪的发展阶段，他们的情绪表格还没有完全建立。如果这个时候，奶奶这样做：

方式一:大吼"不许动阿姨的包"。

对于宝宝来说,他接受的情绪培养就是"吼叫",因为奶奶用吼叫制止了他,那么他就可以用吼叫制止别人,从而慢慢地养成用高声呐喊表达自己情绪的方法。最后,我们自己还会困惑:为什么孩子会大声喊叫?

方式二:抱起宝宝就走,不让宝宝继续他的动作。

对于宝宝来说,他注意力集中时间很短,也极容易被其他事情吸引走注意力,但这样做的同时,也丧失了让孩子知道什么是正确以及错误举动的教育。年龄越小的孩子,发现问题、学习解决问题的机会越多,而学习内容越丰富,对于他们的发育就越有利。让孩子从小知道对错,对于他来说利大于弊。

方式三:用温柔的语言告诉宝宝:"这是阿姨的,不能动。"

快到两岁的宝宝,已经有了借助大人情绪判断对错、好坏的能力。如果父母表示出来的情绪,不足以让他意识到这是错误的,他不会再一次尝试去做这种错误的事情。因此,大人要提供给孩子明确思考判断的表情,这更利于孩子情绪的建立和完善。

而奶奶最后的做法,既表达了"你动别人的包,我的情绪是不好的",又没有提供给宝宝用更恶劣的情绪去表达自我的样板。

不要觉得孩子还小,不大声吼他就不听话。相反,孩子是最会看大人"脸色"的,不信我们可以观察一下。比如,小朋友玩水的时候,老师如果表示出不高兴,小朋友就会立刻停下来,不再动了;课堂上,要是有同学走神，老师只要看看他，他就知道自己做错了；等等。

向孩子传递情绪的方式有很多种，简单粗暴的吼叫方式效果未必好。学会低声教育的方法，也许可以帮你省些力气。

## 3. 想要孩子成为什么样的人，你要先成为那样的人

"一流的父母做榜样，二流的父母做教练，三流的父母做保姆。"

我经常会碰见一些父母，他们会把自己完成不了的事情强加在孩子身上，还要求孩子一定要做到最好。每每这个时候，我都会替孩子鸣不平。

都说孩子是看着父母的背影长大的，父母的一言一行，都会给孩子造成非常深远的影响。父母的情绪性格，为人处事的方式，也会成为孩子做人做事的模板。

如果自己都没有给孩子树立一个良好的情绪榜样，暴躁、易怒，乱发脾气，却要求孩子性格温和平顺，这和你明明生长在沙漠却希望培育出一朵莲花有什么区别呢？

我曾经在网上看过一个帖子，很多人在里面倾诉原生家庭的情绪对自己造成的影响，有人说："我小的时候，我爸爸爱喝酒，喝醉了就打我。现在，我只要听到有人发脾气，就会本能地缩脖子，别人发火的时候会感觉到恐惧和绝望。"

还有人说："爸爸妈妈感情不好，经常打架，我从小就盼着他们离婚。在那样的环境下生活，我每天都感觉很压抑和自卑，直到长大后，

我还深受其害，渴望爱却不敢爱。"……

我相信，绝大多数父母都是爱孩子的，只是生活中有许多不得已。但孩子生下来就是一张白纸，父母是在这张纸上最先下笔，为孩子的人生画出轮廓的人。如果不懂得控制自己的情绪，那孩子接收到的就不是爱，而是心灵上永远的伤害。

在心理学中，有一个名词叫作"强迫性重复"，意思是，人们在成长的过程中，似乎在有意无意间会重复父母的行为模式。例如，有些在单亲家庭中长大的孩子，会更容易在婚姻中离开自己的伴侣；有些小时候遭受过家庭暴力的孩子，长大后可能对自己的孩子施加暴力；如果父母非常情绪化，孩子长大后也会缺乏对自己情绪的控制能力等。

如何学会在孩子面前控制自己的情绪，为孩子树立良好的榜样，是每个成为父母的人都需要学习的重要一课。

小蕾是一个非常漂亮的小女孩，白白的脸，黑黑的头发，圆乎乎的小脸蛋，俨然一个卡通片里的小公主形象。

然而，这么漂亮的小姑娘，个人卫生却非常差，不知道是有鼻炎还是别的什么原因，她非常爱擤鼻涕，往往一节课下来，兜里的脏纸巾放得满满的。她还特别爱啃指甲，漂亮的指甲被她一个个啃得光秃秃的。

小蕾写字也和别人不一样，她是用左手写字的，每次写字的时候，几乎会把头放在笔尖的前头，让人看起来不像在写字，而是在看别人写字一样。

除此之外，小蕾最和别人不一样的地方，是她的喜怒无常。明明刚才还和大家有说有笑，转眼间就会大哭起来。大家总是摸不透她的情绪，也因此很多小朋友不愿意和她做朋友。

有一次课间，小蕾正在写作业，需要用铅笔画图，铅笔是新削的，很尖。两个男孩子正在兴高采烈地跑来跑去，忽略了小蕾是用左手写字的，一下子撞到了小蕾的手臂，这力度通过小蕾的手臂转到了笔尖上，把小蕾的本子划破了。

两个男孩子最怕小蕾哭，立刻像雕塑一样矗立在那里——他们知道自己惹了大祸。果不其然，小蕾看到本子破了，立刻仰着头号啕大哭。没有人敢上前劝阻，因为大家知道小蕾哭了谁劝也不管用。

这次，小蕾哭出了新花样，她冲出教室，跑进卫生间，把卫生间一个蹲位的门从里边反锁上，直到上课铃响也不出来。

班长见状，迅速来向我报告。我让同学们先去上课，自己一个人待在洗手间里陪小蕾。见小蕾不开门，我就把挂在墙壁上的卷纸撕下来，一句话也不说，从门下一会儿给小蕾递一小截，一会儿又递一小截，然后蹲在卫生间蹲位外面，听着厕所里的动静。

过了十多分钟，小蕾的情绪似乎平复一点，哭声已经听不到了。我这才说道："宝贝，我知道你很委屈，可以和老师说说吗？老师愿意做你的听众。"

小蕾不吭声，过了一会儿，我又往里递了一张纸，柔声说道："你要是不想说就不说，想哭就哭吧。老师陪着你。"小蕾没有发出一点声音，连哭声都没有了。

于是，我又说："能陪着小蕾也是一件幸福的事情呀。只不过我的膝盖好疼呀，老了，不行了。"

听到这里，门悄悄地打开了，小蕾透着门缝看到我，默默地走了出来。

我拉着她的手，轻声问她："你要是愿意，我们可以一起聊聊。好吗？"小蕾忽闪着大眼睛，不说话。

"是男生欺负你了？"小蕾点点头。

"那可不好，换了我也会哭的。被人欺负是一件很伤心的事情。"

小蕾眼圈又红了。

"那，那个同学是有意的吗？"

小蕾想了想，摇摇头。

"那还好，要是故意的必须严肃处理。欺负人是不好的行为。如果是无意的，你可以原谅他们的失误吗？"

小蕾想了想，又开始哭。

"你是不是还有话想要告诉老师？"

小蕾终于开口了，话音中还带着哭腔："他们……总是欺负我！"

在小蕾说出这句话的一刹那，我上前抱住她小小的肩膀，说："告诉老师，看看我可以帮你做什么，才不再让你受欺负。"小蕾点点头，跟我走出了卫生间。

在后来的日子里，小蕾一遇到问题就会来找我，即使没有问题，也喜欢黏在我的身边，帮我拿教具，要是赶上我时间空闲，她还会跟我聊聊路上看到的有趣的事情。慢慢地，我从她口中知道了一些她的家庭情况。

原来，小蕾的爸爸很早就去世了，妈妈带着她和姥爷生活在一起。姥爷身体不好，妈妈除了上班，还要照顾姥爷，但是姥爷总冲妈妈发脾气。姥爷一发脾气就会摔东西，小蕾说："姥爷很讨厌，他一摔东西，妈妈就要去买。家里好多东西都让他摔坏了，妈妈老是因为这个伤心。"

可想而知，小蕾生活在一个残缺的家庭中，姥爷因为身体的原因变得性格暴躁，会冲着女儿发脾气。对于小蕾妈妈来说，哭泣肯定是生活中的一部分。所以，小蕾在耳濡目染之下也学会了用哭来武装自己。

实际上，她之所以爱哭，只是找一个借口发泄自己压抑的情绪。

孩子的任何行为都是模仿身边的人，小蕾并不懂得姥爷行为的对错，但是小蕾感受到姥爷的行为伤害了妈妈，所以她说姥爷"讨厌"，她不懂得为妈妈打抱不平，因为她太小，无法保护妈妈，但是这种不好的情绪一直压在小蕾的心里。

爸爸不在了，妈妈就是小蕾的天。当妈妈受到伤害的时候，小蕾也间接地受到了伤害，最终养成了她敏感脆弱的性格。

很多父母在教育上遇到瓶颈的时候，都会着急地问："有什么办法？有什么技巧？"然而，孩子不是一架机器，能用方法解决的问题，都只是表面问题。很多时候，**真正能对孩子造成影响的，其实是父母在教育中的状态**。

简而言之，父母在教育中最好的状态，就是拥有一颗平静的心，这样才能在教育孩子的时候，将好的教育理念内化为内心的一种状态。

孩子最初的情绪来源是父母，父母表达情绪的方法，往往会被孩子模拟。所以，不要让你的情绪成为禁锢孩子一生的噩梦。**孩子的心灵是一面镜子，它比你想象的更加纯净和脆弱，可以映照出父母的一切细节和情绪。**

作为父母，只有自己先具备良好的情绪管理能力，才能对孩子产生一种内在和外在的影响力，使孩子更具幸福感及安全感，也会使孩子更快乐、更开放地面对更大的外部世界。如此，才是我们能给孩子的最好的教育和最好的爱。

# 4. 不让自卑的沉默成为孩子的常态

在孩子成长的过程中，父母都有一种矛盾心理：孩子小的时候，盼着他们快快长大；等到孩子真的大了，又觉得时光如梭，希望孩子能长得慢一点。

朋友小刘的儿子今年刚上初一，她跟我抱怨说，自从孩子上了初中，好像一下子长大了，再也不像以前那样跟她无话不谈了。晚上吃完饭，孩子就一个人待在屋里，想多跟他说几句话都成了奢望。所以，她想了解一下，孩子的这种变化究竟是好还是坏？

当孩子突然变得沉默，摆脱了儿童的稚气，开始把所有的情绪都藏在心里，很少有父母会像小刘一样，去探求孩子这样变化的原因。对于大多数父母来说，他们会理所当然地认为，孩子这样做，是因为长大了，这种现象非常正常，没有什么不妥。

但是，当有一天，孩子的"沉默"成为常态，并关闭了与父母沟通的通道；当他们的行为出现异常，面对父母的教导时沉默不语的时候，这些父母又会慌了手脚，悔之晚矣。

每一种情绪都不会凭空出现。孩子为什么会变得沉默，这种沉默情绪背后究竟隐藏着什么，只有父母自己找出答案，才能打破僵局。

晓晓是我班上的一名学生，她在班里的成绩不好也不坏。老师表扬优秀学生的时候，名单里没有她；老师生气找家长的时候，名单里也不会有她。她总是努力完成老师布置的任何任务，但又像漫游在班里的一个无影人一样没有存在感。

她的名字很秀气，她的长相却和名字相反——胖乎乎的，又高又壮。班里的学生——不管是男孩子，还是女孩子——和晓晓的关系都不是很亲密，所以在做游戏的时候，男孩子那一拨不会有她，女孩子那一拨也不会有她。慢慢地，晓晓变得不爱说话，不爱表达，越来越沉默。

有一天，学生们在操场上上大课间，男孩子有的在踢足球，有的在打篮球，女孩子则大部分围绕着体育器械玩耍。可能是体育器械太无聊了，女孩子们就把注意的目光放到了各自的头发上。不知道是谁第一个开始给别人编辫子，其他人看着好玩，也开始给别人编起来。一会儿，班上十来个女生，即使是短头发的，也开始胡乱地在头顶上编起来，可是这一切并没有打动远远地像电线杆一样矗立的晓晓。

晓晓一动不动地看着所有快乐的女孩子，脸上有一丝不易被人察觉的羡慕。她不自觉地用手梳理了一下自己长长的马尾辫——她的头发也很长，但是没有同学帮她梳小辫。她想到了自己动手，但又怕大家嘲笑她，让人觉得自己可怜，她不愿意把这份可怜暴露出来，所以只是抚摸一下头发，就把手放了下来。

很多孩子之所以表现得寡言少语，与其他孩子格格不入，其实是源于一种自卑的心理。他们不爱说话，不愿意表现自己，怕说出来引起别人的嘲笑。既然什么都做不好，那就干脆什么都不做。

以晓晓为例，她之所以不和女孩子们一起分享这份快乐，就是源于一种自卑心理。在平时的环境中，晓晓获得的积极评价太少。对于成长期的孩子来说，他们的自信通常来自父母的信任与鼓励，如果缺失了这一部分，会很容易对自己失去信心。

因为他们的内心还没有足够强大的力量支撑或者抵抗来自外界的情绪干扰。这种没有正向激励的环境让她觉得自己是没有价值的人，从而产生了悲观的情绪。久而久之，这种悲观又慢慢变成了自卑。

那么，是什么让晓晓产生了这种自卑情绪呢？通过在学校的观察和与她父母的沟通，我发现她不自信的一个主要原因是觉得自己不够漂亮。

人的身体非常敏感，是世界上最精密的仪器。随着孩子的不断成长，他们拥有了各种情绪，而这各种情绪，也成了检测他们是否健康的手段之一。美丽的外表会引起更多人的关注，而不够美丽的外表引起的关注就会少很多，这会让孩子觉得自己的身体不够健康，甚至是有缺陷的。

多数时候，健康的心灵和健康的身体是相伴而行的。外表不够美丽的孩子会更加敏感，任何挫败都可能成为他们自暴自弃、自我否定的理由。因为晓晓长期不被关注、不被赞美，于是，她开始否定自己。久而久之，这种否定变成了一种自我心理保护，而这种心理保护，就是自卑情绪的传达。

当我把这一原因告诉晓晓父母的时候，晓晓的妈妈非常惊讶地说：

"这个傻孩子，小孩子哪儿有什么好看不好看呢！"可能在父母的眼里，自己的孩子都是最美丽的，这是出自内心的爱的表达。但是，我们必须客观地思考，孩子不仅仅生活在家长的世界里，他们还生活在一个更复杂的社会群体中，来自群体的评价会极大地影响到他们的情绪。

父母只有与孩子积极地交流和沟通，才可以第一时间掌握来自外部的对孩子的评价，从而帮助孩子挖掘出积极的评价要素。

比如，针对晓晓的这一状况，父母可以引导晓晓从自身特长出发，对外界进行展示，从而提供收到其他人积极评价的机会。也许晓晓的成绩不好，但是晓晓爱帮助人，或者爱劳动，或者爱集体……每个人身上都有优点，父母对自己的孩子是最了解的，这个优点也是最好挖掘出来的。

帮助晓晓向外界展示自己的优点，从而获得他人的积极评价，可以释放晓晓的情绪，让她拥有"我可以"的自信。

为了帮助晓晓走出自卑的阴影，我和晓晓的妈妈双管齐下，用各种办法帮助晓晓疏解情绪。在同学们进行活动的时候，我提前让晓晓的妈妈给她带了一个大家都没有的沙包，从而引起了同学们的兴趣，并创造了了解晓晓内心的机会。

很多父母都知道，当孩子营养不良的时候，要给他们补充营养，提高他们的免疫力。同样，当孩子的心理缺乏营养的时候，父母更不能坐视不管，让不成熟的孩子独自面对自己无法解决的困难，这会让孩子逐步走向不自信，甚至陷入沉默，失去与外界对话的能力。

只有帮孩子把缺失的那一角补足，他们才能恢复乐观快乐的天性。

# 5. 用情绪教育代替管教与惩罚

　　冬天已经过去，尽管大地还没有露出绿色，但是很多人已经被这美好的阳光召唤着走出房门。我恰好在路边散步，看见一对双胞胎正在妈妈和姥姥的带领下走向街边的公园，一起去享受美好的时光。

　　两个小姑娘四五岁的样子，穿着同样的红色羽绒服、同样的黑色皮靴，有着同样的齐耳短发，十分粉嫩可爱，让人忍不住多看上几眼。

　　快到十字路口的时候，其中一个宝宝突然挣开姥姥的手，向前奔出去，眼看就要跑到斑马线了，在后边猛追的妈妈急疯了，后背的双肩背包上下颠动，终于在最后一刻搜到了小宝宝的手。

　　妈妈一把把她带离了危险地带，斥责道："谁让你跑的？多危险呀！"

　　可能是被这突然的斥责吓到了，小姑娘马上仰头大哭。这时，妈妈没有立刻安抚她，而是等孩子的哭声慢慢减小，才继续问孩子："刚才你为什么撒开姥姥的手，一个人向前跑？"

　　小姑娘终于缓过了神："我就是想回家。"说着又开始大哭，一边哭一边继续诉求着："我就是想回家。"

　　这一次，妈妈没有再斥责她，而是找了一个干净的地方，让孩子坐下。然后，她对孩子说："等你哭完，我们再走。妈妈跟你说过很多遍了，不能在马路上奔跑，你难道忘了吗？"趁此机会，妈妈又一次强调了自己的教育原则。

孩子似乎意识到妈妈生气了，把话题转移到了另一个问题上："你昨天说给我买芭比，你就没有买。"孩子非常聪明，她甚至为自己的错误找到了借口。因为妈妈也没有兑现自己的承诺，所以自己犯错也是可以的。

面对孩子的"挑衅"，妈妈没有生气，而是耐心地解释说："我昨天说过了，你只有不和姐姐打架，我才给你买。但你们昨天吵架了，所以不能买。"孩子好不容易为自己找到了一个借口，还是被妈妈无情地拆穿了。孩子无计可施，又开始哭起来，只是哭声没有刚才大了。

这时，姐姐也走了过来，扯着妈妈的衣服要回家。妈妈伸手把她也抱到了椅子上，说："我们等妹妹不哭了再走，哭，就不能回家。"姐姐似乎很顺从，乖巧地看着妹妹。

妈妈继续强调着自己的原则："马路上不能跑，不能松开大人的手，你记住了吗？"尽管妹妹还没有停止哭泣，但妈妈却对自己的原则一点儿不放松。"你要是还哭，我们就继续在这里等，等你不哭了，我们再回家。"

终于，妹妹似乎感觉自己必须听妈妈的话，眼泪立刻就收住了。这时，妈妈才抽出纸巾，为孩子一点点擦去脸上的泪："妈妈说的话你记住了吗？马路上有那么多车，出事怎么办？你跑得太快，跑丢了怎么办？记住妈妈的话了吗？"

妹妹点点头，用带着哭腔的稚嫩语气回答着妈妈："我记住了，以后不再跑了，妈妈，我们能够回家了吗？"

听到孩子这样回答，妈妈的脸上立刻浮现出了笑容，说道："当然可以，我们回家，不去公园了。姐姐呢，你同意吗？"姐姐点点头，祖孙四人这才开心地离开。

从这一小小的事件里，我们可以看出，这是一位很有智慧、会帮助孩子控制情绪的妈妈。

实际上，在父母与孩子的相处中，都有一个斗智斗勇的过程。有些父母看似强势，其实孩子也会在有意无意间通过一些方法来控制父母。其中，最常见的方法就是利用哭闹撒泼来满足自己的一些不合理需求。

生活中，很多父母最怕的也是孩子的哭闹，这似乎是每个小孩无师自通的本能。面对孩子的这一情绪表达，有些父母会采取"冷处理"的方式，看着孩子哭，自己一言不发，等孩子哭累了，自然就会停止。

这种处理方法看似很有效，但没有让孩子意识到自己的错误，他下次依然会再犯。

儿童教育专家金伯莉·布雷恩曾经说过："孩子们发起脾气来会大吵大闹，这说明他们体内的压力荷尔蒙正在喷涌。此时，孩子控制自己情绪的能力几乎为零，因此他们比平时更加需要父母。虽然父母没有在孩子的哭闹下妥协，但孩子也没有从中学会控制自己的情绪。"

每个父母都要知道，孩子的哭闹，除了吃喝拉撒上的需要，更多的是在进行情绪上的表达。每个孩子都是天生的演员，而我们就是他们的观众。当他们哭闹撒娇的时候，也在密切关注父母的反应。如果父母因此妥协，他就会觉得这种方法是奏效的，他也会因此记住父母的妥协。

比如，有些小孩子为了达到自己的目的，会大哭，或者趴在地上打滚。如果父母答应了他的要求，那么以后他再遇到不顺心的事情，立刻就会趴下，以此要挟父母妥协。这就是他们利用情绪控制父母的方法。

相反，如果孩子没有通过哭闹来满足自己想要的不合理的要求，他们以后就会减少这种情绪施压。

文中的小姑娘是一个聪明的孩子，当她发现妈妈生气时，试图通过转移妈妈的注意力来获得妈妈的原谅，但是妈妈不被她左右，而是坚持自己的原则，这让小女孩只得承认自己的错误。

孩子们其实都很聪明，当他们发现家长对自己的要求很执着的时候，会采取转移、求饶、讨好等手段，试图让家长原谅他们的情绪失控。

其实，当孩子使用这些情绪手段来满足自己的要求时，他们并不知道什么叫控制。在最初的时候，他们只是想通过这一手段获得物质上或情感上的支持。但是，如果孩子总是通过这种方法来满足需求，就会慢慢失去管理自己情绪的能力。尤其是当他们发现这种方法只对父母管用，对别人都不管用的时候，更容易产生暴躁的负面情绪。

作为父母，一定要读懂孩子哭闹背后的心理动机，只有帮助他们找到正确发泄情绪的途径，才能让他们的人际关系更加健康、和谐。

**父母课堂**

### 面对孩子的哭闹情绪，父母应该怎么办?

**1.教育是有原则的**

培养孩子就是让他们学会做人，做人就要符合社会的规范，在原则面前，任何情绪的发挥都是不可取的。

只要父母先做有原则、有底线的人，孩子才会遵守原则，更好地控制自己的情绪。要明确告诉孩子不能这样做的原因。比如，抢了别的小朋友的东西，就要给人家还回去。哪怕孩子通过大声哭闹来表达自己的不满，也不可以降低自己的原则。

**2.面对孩子的不良情绪，要敢于说"不"**

面对孩子的无理要求，不能因为孩子的哭闹而心软，让自己的威信被孩子的情绪绑架。给孩子建立正确的概念，是不可以有退让的。

**3.留给孩子情绪发泄的时间，不要急于教育**

如果孩子因为自己的一些要求没有得到满足而大哭大闹。在这种情况下，父母千万不要责骂孩子，也不要威胁孩子，否则会火上浇油，让孩子的情绪更加激烈，这样反而不利于解决问题。

**4.充分理解孩子的感受**

当孩子用哭闹的情绪表达自己的不满时，不能一味用家长权力压制孩子的情绪。除了要讲明道理，也要充分理解孩子的感受。

比如，当孩子哭泣的时候，妈妈可以用纸巾帮孩子擦眼泪，表达一种体谅和关心。这种肌肤的触碰，特别是来自父母的触碰，会让孩子更有安全感。在这种情绪下跟孩子讲道理，他们会更容易接受。

# 第四章

如果想要树立家长威信，父母必须以身作则，始终能够保持用一种正确的态度和情绪，对孩子进行教育，才能在与孩子周旋的路上，获得他们的信服。

相比吼叫这种无意义的教育方式，有时只消父母一个严厉的眼神、一句低声的话语，就足以对孩子产生教育作用。

孩子是看着父母的背影长大的，父母的一言一行会给孩子带来深远的影响。父母的情绪性格、为人处事的方式，也会成为孩子做人做事的模本。

很多沉默的孩子，背后的原因都是自卑。因为他们的内心还没有足够强大的力量，来支撑他们抵抗外界的情绪干扰。

每个孩子都是天生的演员，而父母是他们的观众。孩子哭闹，除了吃喝拉撒的基本需要，更多是对情绪的表达。

第五章

**最好的教育不是说教，**

**而是共情**

# 1. 高情商妈妈不会被孩子的哭闹所控制

前段时间，我在逛超市的时候遇见了一对母子。孩子年纪不大，大约五岁，拉着妈妈在糖果货架前站着不走。

估计是已经跟孩子约定在先，妈妈坚决地摇了摇头。孩子见哀求无望，便开始使出自己的绝招，撒泼打滚。见妈妈还不为所动，孩子的行为开始升级，只见他像麻袋一样把自己摔在地上，开始用各种可怕的方式发泄情绪，甚至用头往货架上撞，发出刺耳的尖叫，引得整个超市的人都往这边看。

此时，妈妈的情绪也开始崩溃了，跟孩子沟通的声音都带上了哭腔，但孩子完全听不进去，直到妈妈答应他的请求才罢休。

这时，我听见旁边有一位男士小声嘟囔了一句："这样的孩子就是欠打，打一顿啥毛病都没有了。"

作为一名教育工作者，虽然我不认同这位妈妈在处理孩子情绪问题上的做法，但这个男士所提出来的"解决方式"无疑是更加错误的。

当孩子出现极端的情绪表现，甚至失去理智时，其实他的心里是非常崩溃和无助的，如果我们无视他们的"求助信号"，反而盲目动用惩罚手段，并不能解决孩子的根源问题。

生活中，很多人都与这位男士有着同样的想法，如果看见孩子这样哭闹，就归因于孩子"不懂事""没规矩"。实际上，孩子在这个时候缺乏的不是惩罚和管教，而是合理的情绪教育。

其实，不光是情绪管理能力不足的孩子，即使是成年人，在生活中也会有情绪崩溃的时候。

记得有一次，我因为一些小事与家人发生了争执，正好那段时间我压力很大，压抑很久的情绪借着这个机会一下子发泄出来了。我拿起桌上的杯子一下子摔到地上，发出很大的响声，玻璃碎片散落了一地。我的这一举动震惊了家人，也让我一下子恢复了理智，趴在桌上痛哭起来，家人也赶紧过来安慰我。

在那一刻，我简直都不认识我自己了，虽然我不愿意在愤怒的时候靠摔东西发泄，但在当时那个状态下，我完全没办法控制自己的行为——我用这种方式向周围人表示我"很受伤"，愤怒有时候是哭泣的另一种形态。

试想一下，如果在那个时候，家人没有发现我的无助，反而无视我的情绪，指责我摔东西的行为，我又会伤心到什么程度呢？

愤怒是人们心里的一座火山，它的能量是非常巨大的，我们成年人尚且会在某些时候被它摧毁，更不用说还不知情绪为何物的孩子了。

笑笑今年读四年级，虽说有些淘气，但一双笑眯眯的眼睛总是给人一种非常亲近的感觉，同学和他相处得非常融洽，总是喜欢同他开点小玩笑。面对同学善意的调侃，一般情况下，笑笑都是一笑而过，但有一天他做出了一个惊天之举。

有一次上大课间，笑笑一下课就去了卫生间，回来的时候，他发现自己的书桌被人用红色圆珠笔画了一只大蜗牛。笑笑立刻眉头紧皱，一股怒气从心底而出，因为上课的时候，大家都写完了题目，只有笑笑没有做完，给他画这个大蜗牛的同学，就是在嘲笑他做事情像蜗牛一样慢。

这本来是同学之间的一个小玩笑，但偏偏撞上了笑笑的"死穴"。因为他本身就是一个十分拖延的人，为此妈妈没少批评他。那天早晨，妈妈还因为他吃饭磨蹭，在送他上学的路上唠叨了他半天。现在又遭到了同学这样的嘲笑，笑笑眼里的笑意消失了，他大喝一声："谁画的？给我站出来！"

大家从来没见过笑笑发这么大的脾气，教室里正在聊天、玩闹的同学立刻停下了，围拢过来。有几个平时淘气的男孩子不知道是不是始作俑者，躲在一边偷笑。

他们的这个动作让笑笑觉得就是他们干的。他简直被气疯了，一下子推倒了身边的几张桌子，冲到了那几个男孩面前。几个男孩反应很快，迅速闪开了。正当笑笑想进行第二次攻击的时候，其中一个男孩子说："不是我们弄的，你发什么疯呀！"

笑笑才不理会他们的辩解，再一次冲到他们身边。正当一场不可避免的"大战"要爆发的时候，上课铃响了，进来的任课老师控制住了笑笑的进一步攻击。

虽然暂时不能为自己"报仇"，但笑笑心里的怒气并没有消失，反而急剧膨胀。上课的时候，他扫视着班上的每一个同学。最后，他把"凶手"锁定在他旁边的同学身上，因为他在上课的时候，无意间说了笑笑一句："你写得真慢呀。"笑笑觉得，一定是他画的。

笑笑越想越气，根本无心听课。他手里拿着一只红色的圆珠笔，因为是夏天，每个同学都穿着短裤，就在老师让同学们自由讨论的时候，笑笑站到那个同学旁边，趁着他不注意，把笔一下子扎到了同学腿上。

同学大叫一声："啊！"大家都被这突然的一幕吓坏了，任课老师赶紧抓住笑笑的手臂，怕他再进一步伤害同学，然后赶紧叫班长去医务室找医生给受伤的同学处置伤口。

一向温和的笑笑，为什么会有这样的举动呢？

首先，孩子在自己的尊严受到严重伤害的情况下，容易情绪失控。

笑笑早上被妈妈唠叨动作太慢，已经为坏情绪的产生做了铺垫，这个不良情绪还没有发泄出来；又被同学嘲笑是一只慢蜗牛，这再一次激发了他的负面情绪，让他的情绪失控。因为他认为同学的这个举动是对他尊严的伤害，当情绪积攒到一定程度的时候，一定会爆发出来。而这个时候，笑笑的行为就不受自己控制了。

其次，老师并没有对笑笑的情绪进行有效的疏导。在笑笑的情绪没有得到安抚和调整之前，老师应该和笑笑单独交流，让他把自己的想法说出来，把自己内心的不良情绪发泄出来，引导他从积极的角度去思考同学的行为：也许是因为同学觉得他可爱才给他画了这只蜗牛呢？也许是大家觉得他性格好，所以愿意和他开玩笑呢？

　　每个人的情绪都有低潮和高潮的时候，如果孩子从小没有接受过情绪方面的教育，那么，我们就不能要求他具有管理自己情绪的能力。一旦面临情绪的失控，他们只能用头脑中最原始的方式去进行发泄，比如笑笑的攻击行为，再比如超市里孩子的哭闹。

　　我一直在强调，所有的情绪都不是凭空出现的，当发现自己的孩子出现一些极端的情绪变化时，不要立刻将自己抽离，去质问孩子为什么会变成这样。因为，当孩子情绪出现问题时，他们自身也会产生深深的困惑和挫败。如果他们没有在这个过程中得到足够的情感支持，这个问题就不会得到解决。

　　作为父母，只有真正做到了爱与接纳，当孩子被失控的情绪控制时与孩子站在一起，共同面对这个情绪怪兽，并最终将其征服，才能将孩子成长过程中的每一次挫败和沮丧转化成他们进步的阶梯。

## 2. 温和的性格可以遗传

有一次，我和一位同事聊天，她感慨地说："小时候，我妈脾气不好，动不动就把我关进小黑屋受罚。那个时候我就想，以后一定不能变成她那样的人。没想到，现在我真有了孩子，却变得跟她越来越像，原生家庭对人一生的影响真是太大了。"

有人说："一个人的原生家庭，就是他的宿命。"

心理学家阿尔弗雷德·阿德勒说："幸运的人一生都在被童年治愈，不幸的人一生都在治愈童年。"

随着现在越来越多的人开始关注家庭教育，"原生家庭"——这个原本只有心理学家使用的词语，也逐渐成为生活中的热门话题。

父母是孩子的第一任老师，这是亘古不变的真理。对于父母来说，要想你的孩子成为什么样的人，你就得做什么样的人。孩子会在父母的言传身教中，学习应对这个世界的生存技能，也会从中学习大人处理问题的思维方法。

即使他们在长大以后，会忘掉小时候的很多事情，但父母的影子会深藏在他们的潜意识当中，影响他们的行为，就像一台电脑的初始程序，父母就是决定孩子未来生活方式的第一代程序员。

认识小嘉的时候，她刚刚升入五年级，是我们班的插班生。她刚满十岁，第一眼见到她时，我就格外喜欢她。小嘉眼睛细长，鼻子肉嘟嘟的，小麦色的健康肤色给她加分不少，虽然无法和漂亮联系起来，但这孩子给人的第一印象非常舒服。

那天，我和小嘉的妈妈正在就孩子的上学问题，谈论一些需要处理的事情，小嘉安静地坐在一旁，似乎没有什么事情可干。我出于对孩子的疼爱，对她说："我这里有书，你可以翻着看看，免得听我们说话无聊。"

她的目光落在妈妈的身上，似乎在询问："可以吗？"妈妈微微一笑，说道："你要是想看，就去找找吧！"小嘉先说了句："谢谢！"然后悄悄地走到了书架前。

她翻书的动作很轻，修长的手指先在书脊上划过，再轻轻地把书抽出来，动作非常轻柔。

我由衷地对她妈妈说了一句："您的孩子真有教养。"小嘉的妈妈也温柔地笑了，说："她从小就是这个样子，很会替别人着想。"这个时候，我的电话突然响起，便走到一边接听。

这时，小嘉似乎找到了一个和妈妈说话的机会，她手里拿着一本书，走到妈妈旁边，小小的身体紧紧地贴着妈妈，妈妈似乎习惯性地用手拥住小嘉，和她一起看书。她们说话的声音很轻，妈妈还时不时地点头，脸上挂着浅浅的微笑。

也许是母女俩的注意力太过集中，小嘉的手肘不小心碰倒了桌上的杯子，水顿时漫了出来，把桌上的文件都打湿了。妈妈赶紧转移剩余的文件，小嘉也拿起桌上的纸巾擦水，很快就收拾好了残局。

等我打电话回来，妈妈赶紧向我道歉，小嘉也主动承认是自己的错误。本来就不是什么大事，我马上表示没有关系，这件事就这样解决了。

虽然只是一件再小不过的事，但等她们走后，我却思虑了良久。通过小嘉与妈妈刚才的互动来看，可以看出她们之间的相处模式。妈妈遇事不慌，才会让小嘉学会稳重做事；妈妈没有大声斥责，孩子才会坦然面对自己的错误，不会因为害怕承担责任而过分忧心。小嘉正是在这种身教之下，学会了妈妈的温和有礼。

可能有人会觉得，不过是弄洒了水这样的小事，不能说明什么问题。但在育儿的道路上，可不全是由这样的小事组成的吗？即使仅以这一件小事为例，我也看到过很多父母不同的处理方式。

方式一：大怒式。

有些父母看到水洒了，第一反应就是骂孩子笨手笨脚，把事情弄糟了，为了挽回自己的面子，他们可能会对孩子怒声呵斥。比如："你干什么呢？这么不小心！""笨死了！怎么做事就是毛手毛脚。""你看看你，你干的这叫什么事儿？"

父母能有教育孩子的意识，这点是值得表扬的，但是这样大声呵斥的方式弊大于利。我们每个人都会犯错，犯了错之后，需要给自己和他人改正的机会，而不能看到错误就表现出极大的不满，从而增加孩子的心理负担——口头上允许孩子出错，实际上却不允许孩子出错。

这样的教育方式，就会让孩子变得胆小，缺乏自信，甚至不敢尝试没有经历过的事情，内心总是充满忧虑。

方式二：责骂式。

有些父母看到水洒了，第一反应不是处理水，而是把所有的注意力都放在孩子身上，先批评后处理。他们也许会说："你怎么搞的，为什么把水打翻？""站好了，干什么呢？"

父母的易怒可以给孩子带来什么影响呢？我们说身教重于言教，父母这样放大孩子的错误，就真的可以让孩子下次不犯这样的错误吗？大人的大呼小叫只会传递给孩子不好的情绪，留给孩子犯错就要被惩罚的阴影，做什么事情都会裹足不前。

方式三：教育式。

有些父母看到水洒了，会一边指导孩子拿纸巾，一边警告孩子下次要注意，不能这样做事不专心。

这类处理方式似乎很符合父母的身份，在指出孩子错误的同时，又指导孩子正确的做法。但是，不是所有的事情都需要告诉孩子怎么做，孩子有一双眼睛，他可以通过自己的观察，掌握处理问题的技巧，从而提高自己处理问题的能力。

方式四：身教法。

我很喜欢小嘉妈妈的处理方法，没有任何不满和责怪，只是用眼神暗示孩子，然后自己及时起身处理问题。她那温和的表情让孩子即使犯了错误也能感受到到一种宽松的氛围，不会给孩子造成任何心理压力。这种做法既保护了孩子的自尊心，又让孩子有了自信心。

正是小嘉妈妈这种平和的教育方式，才让小嘉在这种成长环境中慢慢染上了一层淡定，这就是父母能够给予孩子的最宝贵的礼物。

最后，我还想送给所有父母一句忠告：当你为摆脱自己的原生家庭束缚、痛苦不堪的时候，别忘了，**你现在就是你子女的原生家庭。你的情绪，你的一切，会成为你的子女未来生活的底色。**过去你所厌恶的，不要让它们在下一代身上重演；过去你所感谢的，也要让它们继续传承，才是对孩子最负责的教育方式。

# 3. 不给孩子贴标签

朋友小洁刚刚生下宝宝，她最喜欢做的事，就是跟我讲她对孩子未来的种种设想，孩子将来成为企业家、科学家，还是警察、军官？没准儿还能当明星呢！

凡是新手父母，必然经历这样一段疯魔的时期，我对此深表理解。

没想到，等我再次见到她的时候，她却一改往日的畅想，而是颇有感触地对我说："以前，我一直认为，父母对孩子的爱是世界上最伟大的情感。我现在却觉得，世界上最纯粹最无条件的其实是孩子对父母的爱。很多时候，父母对孩子的爱是有条件的，要孩子争气、有出息、听话，我也是一样。孩子对我们的爱却是一种本能，哪怕我是一个罪犯，哪怕我没有钱，他们都会把最好的爱和信任毫无保留地交付给我。"

朋友的这番话，让我感触颇深。回家的路上，我想起了儿子小时候的一件事。

记得那个时候，儿子才几岁，正是淘气的时候。因为一件已经记不清的小事，我狠狠地训斥了他。到了晚上，我正在备课，突然听见厨房里有动静。我走过去一看，原来是儿子想找我，却走错了路，正光着脚站在地上哭泣。

看到我进来，他伤心地扑到我怀里，说道："妈妈，我找不到你，你不要死。"

当时，我的心像是被什么东西给击中了，赶紧把他抱起来抚慰。他的头紧紧依偎在我的颈窝里，一会儿就睡着了。看着他熟睡的小脸，我心里非常自责。扪心自问，我这个妈妈实在不称职，尤其是这两年任班主任，带毕业班，每天忙得焦头烂额，所有的耐心都在学校里用光了，即使回家也没多长时间陪他，有时还不分青红皂白地训斥他。

然而，即使面对这样的我，他也可以全不计较，全然接纳我的所有，并付出自己所有的爱。也是在那一刻，我得出了和朋友小洁一样的结论：孩子给我的爱，实在比我给他的要多得多。

作家刘瑜曾经写过一段我很喜欢的话："**父母是要感谢孩子的，是孩子，让他们体验到尽情地爱——那是一种自由，不是吗？能够放下所有戒备去信马由缰地爱，那简直是最大的自由。作为母亲，我感谢你给我这种自由。**"

然而，信任是相互的，当我们安心享受孩子给我们这份信任的同时，扪心自问，自己有没有将同样的信任与爱交付予他们呢？

在我教过的学生中，有一名叫小宇的孩子，他很聪明，语言表达能力也很强，甚至能够把没有见过的事情描述得很真实。每当出现这种情况，父母总是很严厉地训诫他说："不可以说假话！"有些老师也会对他说："好孩子要诚实。"

时间长了，同学们在老师和家长的影响下也觉得他谎话连篇，不是好孩子，所以大家都不大相信他说的话，和他也慢慢疏远起来。

因为没有朋友玩，每到课间的时候，小宇总是自己在楼道里跑来跑去，横冲直撞，为此挨了不少批评。这种孤立让小宇对同学、父母和老师产生了极大的不满，他觉得大家都不喜欢他，觉得所有的人都在和他作对。所以，只要有同学告他的状，他都会全力反攻。

"小宇，老师不让在楼道里跑。我告诉老师去！"发现小宇犯错误的同学急于向老师邀功。

"你敢！"小宇瞪着大眼睛，试图制止同学。

"我当然敢，老师一定会让你罚站的。"同学说道。这个时候，在小孩的群体里，也总会有敲锣边起哄的孩子："对，老师会罚他抄课文。哦，又有好戏看了……"

"我看你们谁敢告诉老师！"小宇的小拳头攥得紧紧的，在头前不停地挥动着。有些反应快、唯恐天下不乱的孩子，就会故意大喊："小宇打人了，我们去告诉老师吧！"这句话像一种催化剂，顿时让场面由两个孩子的对峙变成了几个孩子的群体战斗。

过后，老师调查事情经过，小宇自然是始作俑者。随即，写检查，找家长，赔礼道歉……一系列必要的程序都会一一落实。

这样的事情多了，小宇的父母也认为自己的孩子爱撒谎、不听话，即使有些事情确实不是小宇的过失，也会习惯性地将他数落一通。

父母的不信任，让小宇的内心就像被水泥封上一样，也成为压倒他的最后一根稻草。从此，他更加不相信任何人，更加仇视身边的人，情绪也更加不稳定，只要有人对他做出一点点的挑衅，他就会举起双拳。

小宇用自己仅有的武力维护着自己的领地，同时也在自己和他人之间建起了一座高大的墙。他变得更加沉闷和情绪暴躁，成了班里的特殊人物。

是什么让小宇一步步走到这个状态的呢？

其中最主要的原因，就是外界没有及时给予小宇足够的信任。

在孩子幼年的时候，很多事情是分不清楚真和假的，比如，即使已经十岁的孩子也会相信世界上有圣诞老人，当他说自己看见圣诞老人的时候，我们也不能说他就是在撒谎。

小宇在语言发展时期，比别的孩子更具有想象力，更具有展现力，他无法把自己的生活和想象合理地区分开来。小宇讲述自己的所谓的经历，只是他的一个儿童发展期的特点。来自各个方面的不信任，让他无法正确地认识自己。

其次，外界的否定把小宇推到了一个墙角。小宇毕竟年纪还小，周围人对他的彻底否定让他失去了自我。由于他处理问题的能力还很弱，不知道怎样处理这样的事情，所以他采取了自我封闭的方式，在楼道里跑来跑去。

这其实是他自己沉浸在自己的世界里的一种外在表现，他希望大家能够相信他、关注他。同时，这样也是为了平衡他内心的情绪，让自己找到一种释放的方式。

除此之外，外界"贴标签"的解决方法，让小宇彻底对人失去了信任，这激发了他潜在的愤怒情绪，扩大了他不良情绪的发展路径。我们每个人都具有多种情绪，在孩子情绪形成的过程中，哪种情绪培养得多，就更容易形成哪种情绪。

大人在工作超出负荷，感到"压力山大"的时候，会变得沉默寡言、脾气暴躁，其实小孩子也会感受到压力，如果压力超出了孩子的承受能力，孩子也会患上一系列压力综合征，表现方式是沉默、抑郁、消极和不爱沟通等，甚至对自己丧失信心，认为自己就是妈妈口中的坏孩子。

而这种表达方式，就叫作"贴标签"。

当你对孩子说"你真是一个坏孩子"时，孩子就会认为"我是一个坏孩子"。其实，没有一个孩子天生就是坏孩子，只是同样的行为被贴上了不同的标签而已。

当孩子因为某些不合常规的行为被冠以"坏孩子"的标签时，他们很有可能真的会变成坏孩子，而如果父母指正了孩子的错误行为，孩子就还是那个出色的孩子。与其告诉孩子"怎么做"，不如和孩子商量"该这样做"。

每个孩子都渴望得到父母的认可和鼓励，每个孩子也都有无限的潜力。当他们没有达到你所期望的要求时，不要急着责骂孩子，而应该对他们多加鼓励，让他们有勇气迎接下一次的挑战，而不是背上"我不行"的心理包袱。

当孩子将信任交付于我们时，我们也要给予他们信任。特别是对发育中的孩子来说，想让他们建立公平的世界观，就需要给他们一个公平的世界。

## 父母课堂

**当孩子说话的内容和事实不符时，父母应该怎么做？**

**1.耐心倾听，是良好情绪建立的关键**

要耐心听完孩子的话，让他把自己所有想说的内容都说清楚，倾听是对他最好的帮助。无论什么样的错误，都要给予孩子说话的权利。

**2.用事实证明真实和想象**

对于孩子构架的语言内容，用事实说话是最有力的方式，而不要上来就采取否定、指责、嗔怪等简单粗暴的解决方法。否则，尽管当时孩子接受了，但事实是他的情绪受到了压制，当他们的情绪压制到一定程度，就会翻倍成长为威胁孩子心理健康的元素。

**3.不要轻易动用惩罚措施**

任何事情都有度。对于父母来说，惩罚是最容易的手段，而对于被罚者而言，这是最具有伤害性的手段。

## 4. 鼓励与自信，可以扭转乾坤

在课堂上，我想过各种方法来激发学生对学习的兴趣。但多年的实践证明，有时最简单的反而是最有效的。

对于孩子来说，只有先激发他们的学习情绪，才能让他们对学习感兴趣。尤其对比较自卑、胆小的学生来说，鼓励远比打击效果更好。

人的内心总是向往光明摒弃黑暗的，所以更愿意接受和保留美好的想法。

不管是在学校，还是在家庭中，鼓励永远是建立良好情绪的最佳手段之一。通过这种方法，可以更充分地调动孩子的内在动力。特别是在孩子情绪低落的情况下，打击会将孩子推向山底，而鼓励则会给孩子点燃一盏希望的灯。

有一次，在学校组织的家长会上，小欣的父母跟我们分享了小欣的故事。

小欣今年上五年级，个子又瘦又小，留着短头发，非常不引人注目。在学习上，小欣有点偏科，她的数学不好，但作文写得非常有灵气，每次老师批改作文，都会把她的文章作为范文在全班朗读。

然而，与小欣的文静内敛相比，她的妈妈是一个风风火火的人，说话像蹦豆子一样，一唠叨起来就没完没了。只要小欣在家，妈妈就会在她耳边不停唠叨，一会儿说："你看看人家楼上的姐姐，考上四中了。"一会儿又说："你叔叔就是数学好，所以才上了清华大学，你可得抓紧。"

有时候，一家人坐在饭桌上，小欣刚要讲老师是怎样讲评她的作文的，妈妈就开始唠叨："作文好有什么用，学好数理化才是重点。"一下子就把小欣的话堵了回去，她只好低头吃饭，再也不吭声。

小欣的爸爸工作很忙，小欣三年级之前他都在国外工作，后来回到国内，在家的时间也不多。但他心思细腻，一回来就注意到自己的女儿情绪不佳：分明是个十几岁的孩子，却没有少女的活泼和可爱。爸爸心疼女儿，总是想尽一切办法来哄女儿开心。

有一天，小欣的妈妈刚唠叨完"同事的女儿又考了年级第一"，小欣就钻到了自己的房间里。这次考试，小欣仅考了班里的第九名，这和妈妈的要求相差很远。懂事的小欣感觉自己很没用，心情糟透了。

这时，门开了，爸爸背着手走了进来。他看到女儿情绪低落，猜想她一定是遇到了不开心的事情。但他没有逼问女儿，而是搬了一把椅子，坐在小欣身旁，问道："女儿，是不是不开心了？"小欣摇摇头。

"说说吧，也许我可以帮你呢。"爸爸温柔地鼓励着小欣。

"我考试考得不好，妈妈不开心，为什么我总是不行呢？是不是我太笨了？"

"不会呀，爸爸一直觉得你很优秀。不过，你只有放下心里的包袱，才可以发挥出全部的水平。"爸爸想了想，回答道。

"包袱？"小欣有点听不明白。

"是的，如果一个运动员背着十多斤重的东西跑步，永远跑不赢对手。你给自己的压力，就是你的包袱。比如这次考试，如果你不去担心考试的结果，而是好好享受考试的过程，我相信你会发挥得更好。"爸爸语重心长地说。

这次与爸爸的谈话给了小欣全新的体验。爸爸的体贴和理解，让她一直充满压力的内心找到了一个出口。从那以后，爸爸隔三岔五就找小欣聊天，给她加油打气。在那段时间里，小欣的成绩有了明显的进步。她本来就是个踏实的孩子，在学习上有了自信后，脸上的忧郁表情也少了很多。

听着小欣的妈妈跟我们分享的这个故事，我不仅十分钦佩小欣爸爸的智慧，也为她妈妈的积极反省感到非常欣慰。

父母对于孩子的爱是世界上最伟大的，但如果方式不正确，这些爱也会变成伤害。因为小欣爸爸常年出差，她的妈妈一个人背负起了养育小欣的责任。这种高度的责任感，不仅增加了妈妈的心理压力，也通过妈妈焦虑的唠叨无形中被转嫁到了小欣的头上。长此以往，不仅没有起到好的效果，反而给小欣造成了长期的情绪负担。

在这种长期情绪压抑的状态下，正是父亲的鼓励让小欣看到了希望。

什么是希望？

希望是山体塌陷的瞬间，自己可以继续活下去的想法；希望是自己遇到苦难时，觉得还有一丝逾越过去的可能性；希望是扎根在我们每个人的心里的那些积极、美好的因素。正是这点希望，点燃了小欣的斗志，让她能够自信地发挥自己的能力。

对于孩子来说，没有什么比父母的认可更重要。不过，我在这里还想提醒各位父母，赞扬让人心情愉悦，鼓励让人自信自立。但在生活中，很多人将这两个概念混淆。

比如，当孩子拿着刚写好的作业给妈妈看，妈妈知道要鼓励孩子，就随口说道："宝贝真棒！""宝贝真聪明！"类似这样敷衍的对白，对孩子来说，只能算赞扬，而不能算鼓励，因为他根本不知道自己"棒"在何处、为什么"聪明"。

如果妈妈能够换一种表达方式，如"你今天的字写得真整齐，妈妈看得出你非常认真"，或者"你最近都主动完成作业，妈妈觉得你做得非常好"。我相信，取得的效果会更加明显。

斯坦福大学心理学家德维克曾经在纽约400名五年级学生间做过一个实验。实验结果证明，当我们赞美孩子的智力时，会让他们尽力避免犯错误，而不是从错误中学习。因为，那些他们不能完成的事情，会被他们当成自己不够聪明的证据。

然而，当我们鼓励孩子的努力时，则是在教孩子相信自己、相信自己做正确的事情的能力。即使最后失败了，也可以成为他们勤奋努力的证明。

人体是世界上最精细的仪器，任何表面的情绪变化，都是我们内心情感变化的外在表现。小孩子的情绪，能比大人更准确地反映出他们的内心世界。作为父母，一定要学会观察孩子的情绪变化，不能因为孩子高兴了就不闻不问，也不能因为孩子伤心了就失了方寸。

做好孩子情绪的管理者，做好情绪的调解工作。在观察中体察孩子，在交流中帮助孩子。对孩子来说，父母的语言既可以是温暖的春风，也可以是伤人的利器。希望所有的父母都能用好这件武器，而不要让它成为孩子一生的阴影。

# 5. 支持与理解，是世界上最好的情绪良药

前段时间，一部优秀的国产影片《哪吒》刷爆了朋友圈。不管是身边的成年人还是小朋友，都被它感动得一塌糊涂。

还有很多学生在作文里写自己看完电影的观后感："我最感动的是哪吒与敖丙之间的友谊，在一个人最孤单、最不被理解的时候，还有一个人愿意站在自己这一边，是世界上最为珍贵的感情。"

不知为何，看到孩子们这样简单的话语，我突然觉得有些无奈。我们大人有大人的朋友圈，孩子也需要有孩子的朋友圈。然而，现在的孩子与我们当年相比，获得友谊的渠道少得可怜。每天往返于学校与家之间，奔波在各种补习班的路上，根本没有精力去认识新朋友、培养友谊，甚至很多孩子不会自己交朋友。

可能有不少父母会觉得，小孩子交朋友不是什么大事，少一些"狐朋狗友"还会避免让他学坏。但事实上，孩子的感情是非常敏感的，很多心理学研究表明，人际关系良好的孩子，能够更适应学校生活，在社会和学习上的得分更高；而没有朋友的孩子，则更容易产生攻击性行为和情绪问题。

尤其是在压力或有其他负面情绪的状态下，有亲密好友的孩子，可以通过倾诉获得释放的渠道，不至于一个人闷在心里，整日郁郁寡欢。

每一个班级就像一个小社会，虽然孩子们年纪不大，却也分成了大大小小的团体，一下课就三五成群地聚在一起。其中，坐在班里第二排的小薇和小蕊，是大家公认的好朋友。每天上学放学，各种课外活动，她们都是一起行动，好得就像连体姐妹。

唯一不同的是，小蕊是班里的学习委员，也是班里的学霸；小薇在学习上就没那么上心了。但小薇性格活泼开朗，从来不把这些小事放在心上。

过完暑假，眼看小薇就要上六年级了，一向对她的学习看管不严的家长突然有了紧迫感，一开学就给她报了一堆的补习班。面对每天做不完的卷子，上不完的课，这可把一向散漫的小薇闷坏了。

还没过一个月，小薇脸上嘻嘻哈哈的笑容越来越少，人也变得萎靡不振。小薇的变化逃不过小蕊的眼睛。看到小薇垂头丧气的样子，小蕊主动和小薇说话："你最近怎么了？"

小薇还没有说话，就把书一下子砸在了桌子上："别提了，我妈疯了，也要把我折磨疯掉。"

小蕊一时没明白："到底怎么了？"

小薇抬起头，露出一个痛苦的表情："我妈给我报了一堆辅导班，我现在都变成一个做题机器了。"她毫不掩饰地宣泄着自己的不满情绪。

小蕊叹了口气说："我们的妈妈呀，有的时候，我都怀疑她们到底是我们的妈妈还是仇人，似乎看不得我们有一点儿快乐。"

小蕊的这句话似乎一下子说出了小薇内心的想法，小薇的心情立刻好了许多，高兴地说道："就是，就是，你真是我的好朋友呀！"多日来压在小薇心里的苦闷得到了缓解，往日挂在小薇脸上的微笑又复苏了。

可一放学，小薇的好心情立刻被妈妈的身影给破坏了。陪小薇走出校园的小蕊，似乎一下子明白了小薇的心情。她主动走到小薇妈妈身前说："阿姨，我妈妈这几天工作特别忙，没时间接我，我可以和小薇一起学习完再回家吗？"

小薇被小蕊的话震惊了，她看着小蕊，不敢出一点儿声音。小薇的妈妈知道小蕊成绩一向很好，立刻爽快地答应了。

有了小蕊的陪伴，小薇的心情好了很多。尽管作业还是堆积如山，但她觉得自己并不孤单，情绪得到了极大的改善，而这一切也被她妈妈看在眼里。

小薇的妈妈利用给小薇检查作业的时间和小薇进行了交流，她这才明白是自己在无形中给孩子增加的压力，让孩子的情绪变糟糕了。自己的决定过于武断，没有考虑小薇的心理感受，不仅没有对小薇产生帮助，反而成了她的障碍。所以，小薇的妈妈在征求小薇的意见之后，立刻对她的补习计划做了调整。

孩子的成长总是特别快，仿佛昨天还在牙牙学语，今天就已经成长为一个翩翩少年。但在父母眼里，孩子永远是孩子，在很多事情上，父母总是习惯性的将孩子当作一个无法做决定的儿童。诚然，父母需要为孩子的成长负责，但也要尊重孩子的成长，而非一成不变地看待孩子的成长。

　　某些关于孩子的决定，要让孩子参与进来，也许孩子思考得并不完善，做出的决定并不正确，但正是这些不成熟的表现，才更需要父母在孩子参与的过程中，获得帮助孩子成长的机会。

　　要知道，孩子的情绪要比成人敏感。对于成人来说，面对一些变化，可以很快地适应和调整，情绪也许只有短暂的变化，但对于孩子来说，他们适应外界的能力比较弱，适应变化的能力更弱，即使是一些微小的变化也会让他变得敏感起来，这些对于孩子的心理发展都是不利的。

　　如果想要改变孩子的日常生活规律，要给予孩子一个适应的过程，在量和度的把握上，都要遵循由少到多的规律，不能急于求成，因为这会使孩子的情绪消化更加困难。

　　就孩子的不良情绪而言，它们存在的时间越短，对孩子的心理健康就越有利。很多父母在教育孩子的问题上比较自我，即使孩子出现了不适应的情况也坚决不改。然而，教育孩子时，要明白一点——孩子才是教育过程中的主体。

　　所以，父母一定要注意观察、感受孩子在事件中的情绪变化，根据孩子的表现随时做出调整——最好的教养，是爱与陪伴。

# 6. 十全九美已经是最完美

每个孩子在成长过程中,都会度过一段"完美主义敏感期"。这个阶段通常会出现在孩子3-5岁的时候。

在这个时期,有些父母可能会发现,自己的孩子开始有自己的主意,不好管了,甚至变得无理取闹:出去玩的时候,手上沾了污渍,会马上举着手指要求洗掉;喜欢吃的饼干碎了,会要求换一个完整的;画画的纸上有了折痕,就不肯在上面画画了……

面对孩子这些"完美主义"的倾向,有些父母会觉得非常崩溃,让本来就辛苦的育儿生活雪上加霜。

然而,从发展心理学的角度来讲,孩子正是在这段时期发现了"完美"与"缺憾"之间的差别,并做出了自己的选择——他们发现身边的事物没有达到自己的要求,便会想尽办法使之达到自己想要的效果,否则便"不依不饶"。

对于父母来说,当孩子出现这些行为的时候,不用大惊小怪,也不用一味斥责。为了帮助孩子顺利度过这段执着于"完美"的敏感期。父母可以换一种思路,转移孩子对"完美"的关注,比如,当孩子因为苹果上有斑点不肯吃的时候，可以这样引导："你看，这苹果上的斑点像不像一个小笑脸呀？"让孩子跟随大人的引导来转换思路，让他们的目光从缺陷上移开。

这段时期是塑造孩子良好行为习惯的最佳时期。如果引导得当，可以让孩子更加认真和专注。

不过，也有一些父母觉得，孩子追求"完美"是好事，说明孩子有上进心，不愿意将就，可以激励孩子不断追求卓越。然而，要知道，在这个世界，从来不存在绝对的完美。随着孩子的成长，摆在他们面前的问题也会逐渐增加，当他们发现自己无论怎么努力还是达不到想要达到的目标时，他们会产生深深的挫败感，甚至出现焦虑、偏执等心理问题，进而对情绪产生严重的负面效应。

小伊今年读四年级，是所有人口中的"别人家的孩子"。她聪明灵慧，每次考试总能在全校名列前茅。据她父母讲，她从四岁起便每天弹钢琴至少一小时，刚刚四年级就已经能弹一手好琴，画画、声乐也是出类拔萃。

有这样的女儿哪个父母不满意呢？在外人眼里，小伊就是上天送给妈妈的天使。

也许正是小伊如此出色，她做任何事都对自己要求很高，考试必须得一百，比赛必须拿冠军，活动必须受表扬。在她的心里，有一种一切都只可以获得最好而不可以屈居人下的执念。

有一次，学校要举办跳绳比赛，四年级则在所有项目的基础上又增加了一项非常具有挑战性的项目——双摇编花。对于学生来说，这个项目需要在身体协调性与跳绳技术都很高的情况下才可以完成，属于很难的跳绳项目。

小伊不会跳双摇，只会跳编花。而以往几次，她都是跳绳项目的佼佼者。面对这个新的挑战，她信心满满，当下就向老师报了名，并表示一定要拿到冠军。

虽然立下了军令状，其实小伊心里也是七上八下。回到家里，小伊做的第一件事情就是拉着妈妈练习跳绳，可妈妈不会，没法教她，就在网上找视频，给小伊一遍一遍地放，然后让她对照视频练习。

网上的方法说得非常详细，小伊顿时有了信心，但是小伊哪里知道，技能的提高不是一日之功，尽管她掌握了技巧，但远远达不到熟练的程度。

就这样紧锣密鼓地练了一个星期，小伊的腿都被跳绳抽出了条条红痕，但她仍然坚持练习到了比赛当天。比赛时，尽管小伊在全班同学的鼓励下勉强跳了七个，但还是惨遭淘汰。

面对这个结果，小伊伤心极了，她感觉自己为班集体抹了黑，她无法接受自己刻苦练习后还是无缘奖牌的处境，一个人默默地流着眼泪——这是她人生中的第一次挫败，她觉得天地顿时黯然无光。

很多父母可能会觉得，一个拥有"完美主义倾向"的孩子可必然在未来获得更大的成就。实际上，这两者之间并没有必然的联系。

很多高成就者追求完美，是为了获得更大的进步，他们做事的内在动力是"尽自己最大的努力，但不会将目光一直锁定在不完美的地方"。但对于完美主义者来说，他们可能因为惧怕失望而避免行动。而一旦失败，他们便会归因为自己无能。

在平时的工作中，我也遇到过这样一些孩子，他们会因为担心自己"不够优秀"而错过表现自己的时机，将自己的潜能隐藏起来。这种片面的"完美主义"，不仅没有成为他们前进的动力，反而成为他们自卑、拖延、焦虑、懦弱、害怕等一系列负面情绪的来源。

心理学研究表明，优秀的孩子更容易情绪失控。面对优秀的孩子，作为负责任的父母，更应该注意观察孩子的情绪，做好孩子的情绪管理员。要知道，苛求完美的人不仅在事业上不容易成功，在情绪上也容易失控，常常有焦虑、沮丧和压抑等负面情绪出现。

优秀的孩子都是优秀的父母培养出来的，并不是孩子生下来就有优秀的气质。孩子刚来到这个世界时，都是一张白纸，他们都具有成为优秀人的可能性。但是，受家庭教育、父母素质、社会环境等因素的影响，他们成为具有不同素养的人。

因此，父母在告诉孩子他是独一无二的同时，也要告诉孩子"人生不如意之事，十常居其八九"。无须苛求十全十美，做到十全九美就已经很成功了。

如果家长对孩子有十全十美的要求，带给孩子的压力就会很大，会让他们的情绪永远处在一个紧张的状态，无法得到释放，一旦面对失败，就会情绪失控，甚至生出焦虑、抑郁等情绪。

优秀的人，首先也是人，是人就会有无能无力的时候，不要到了孩子无能为力时，再告诉他人生会有逾越不了的沟壑，而是要提前让他知道——尽力就可以了，不是所有的事情都可以完成。

尤其是面对优秀的孩子，父母更要防微杜渐，做好孩子情绪的引导，如果孩子出现了以下几种情绪变化，如：过分小心，在乎失败却无视成功，设定不现实的目标，无法完成时非常沮丧；做什么事情都要问别人，时刻需要外界肯定；敏感、脆弱又倔强；坚持只用一种方式完成任务时，即使他们的情绪不受外界的干扰，也要告诉他们——面对压力，我们可以用情绪缓解；面对压力，我们也可以承认自己力有不逮。

只要尽了自己最大的努力，我们就是最优秀的好孩子。

# 7. 爱，是最好的教育魔法

曾经有人做过一个实验，将妈妈与孩子分别安排在两间屋子里，让他们相互打分。当妈妈给孩子打分的时候，有的妈妈给了八分，有的给了七分，还有的只给了五分。

谈起妈妈们扣分的原因，众说纷纭——"孩子生活习惯不好""不肯好好吃饭""调皮、不听话"，等等。

然而，当轮到孩子们给妈妈打分的时候，所有的孩子都给了妈妈满分，还有的孩子给妈妈打了一万分！

谈起为什么喜欢妈妈，孩子们的答案非常简单——"喜欢妈妈陪我玩""喜欢被妈妈抱着""喜欢妈妈总亲我"……

即使父母对他们有各种各样的抱怨，但在孩子心里，他们的父母都是最完美的父母，值得他们毫无保留地付出所有的爱。但是，有多少父母可以做到给孩子这样单纯无条件的爱与陪伴呢？

如果将孩子比喻成一颗小苗，父母的爱就是他们生长的阳光。他们是因爱而生的精灵，也需要爱的浇灌才能茁壮成长。反之，他们的精神人格就无法成长发育，只能干涸枯竭。

在我教过的学生中，有一个叫小亮的孩子，他的爸爸妈妈都是国家稀有矿藏勘探方面的专家，因为工作需要，常年工作在云南边陲的深山里。小亮从出生后，就跟着年迈的爷爷奶奶生活。等他到了六岁的时候，爷爷、奶奶都已八十多岁了，父母只得又雇了一个保姆照顾他的生活起居。

小亮很聪明，有强大的数学思维能力，反应快，但就是不爱学习。刚入学的时候，课业负担小，功课轻松，他还能准时来上学。到了三年级，要学的东西多了，小亮却迷上了玩电脑游戏，一周至少要两三天装病不上学，然后让奶奶给他请假。

结果可想而知，小亮的学习成绩越来越差，升入四年级的时候，他的成绩已经滑到了班级倒数几名。而他除了玩游戏，对别的都没有兴趣。爷爷奶奶没办法，便通知小亮的爸爸妈妈赶紧回来管孩子。小亮的父母每次都回答说："一定回来！"可开学都一个月了，还不见他们的身影。

没有父母管教的小亮，变得越来越无法无天。即使上学时，也是大部分时间趴在桌子上睡觉。有一次，课代表收作业，小亮趴在桌子上睡觉，课代表试图推醒他，他立刻像一头雄狮一样站立起来，两眼冒着凶光，恶狠狠地说："你找死呢？"吓得课代表向后连连退步。上英语课时，他把书立起来挡住脸睡觉，眼看老师过来了，同桌好心推推他，他才不管是不是在上课呢，大吼道："烦不烦呀！"

每天，他写的字就像狂草书法，语文老师用手指敲着他的作业本说：

"小亮，你看看你写的是字吗？是鬼画符！"他也只会把头一歪，一个字都不说。气得语文老师最后只能说："你再这样，我也不管你了，你就把自己当个废物吧！"

慢慢地，班上再没有人敢招惹小亮，大家背后都管他叫"狮子亮"。可是，越是这样称呼他，他脸上的神情就越冷漠。

为了拉近与同学们之间的关系，我默默记下了班上每个孩子的生日。小亮的生日很特殊，是12月31日。于是，等到大家准备四年级的元旦庆祝活动时，我特意增加了抽奖的活动内容，每个人可以抽取一份奖品。孩子们高兴极了！

等轮到小亮的时候，他犹豫了一会儿，慢悠悠地走到讲台前，去取自己的礼物。小亮的礼物盒子比别人的要大很多，他一个人抱起来都有点儿费劲，大家开心地喊着："看礼物，看礼物。"

小亮一点点撕开包装纸，一个大大的漂亮的巧克力盒露了出来，在巧克力盒的上边还有一个卡片。小亮打开那个卡片，只见上边写着一行字：

我的孩子小亮：

今天是你的生日，祝你生日快乐！我知道爸爸妈妈又不能陪你过生日了，但是他们心里肯定是时刻陪着你的。当你想他们的时候，就打开一颗巧克力，嘴里甜甜的，心里也会甜甜的。老师愿成为你快乐生活的巧克力。

爱你的班主任妈妈

这盒巧克力是我特意送给他的生日礼物。因为我从小亮的爷爷奶奶处知道，小亮从来没跟爸爸妈妈一起过过生日，也没收到过正式的生日礼物。他想爸爸妈妈，但每年只有暑假的时候他才会被送去他们身边待上一个月。

他曾经偷偷跟奶奶说过，妈妈身上的味道真好闻呀，他要努力记住；爸爸身上的味道真好闻呀，他要努力记上一年。

他从来没有想过老师能知道他的生日，更没有想到老师会为他准备礼物。他努力克制着自己的情绪，低着头回到了自己的座位上。

时间过得很快，新年假期结束后，小亮准时来上学。令大家意外的是，小亮破天荒地开始写作业了，字迹也工工整整，一道题都没有错。下课的时候，他第一个交上了课堂作业。

为了鼓励他，我在他的作业本上画了一个可爱的小笑脸，他不好意思地用手挠了挠头。

从那以后，我每天都在他的作业本上写一行小字："我相信你可以上好每一节课。""我相信你可以完成每一科目的作业。""我相信你是最棒的孩子！"

慢慢地，所有人都发现小亮变了，脸上的冷漠少了，和同学说话的语气越来越温和，上课开始发言了，下课也开始和同学们说说笑笑了。小亮的情绪发生了很大的转变，从一个冰冷、愤怒的小狮子，变成了一只可爱、温顺的小猫咪。

每个孩子都是最优秀的孩子，每个孩子的心里都住着一个善良的天使，小亮也是如此。因为常年缺少父母的关爱，小亮内心深处缺乏爱的体贴。尽管有爷爷奶奶的呵护，但那无法代替来自父母的爱。

当得不到足够多的爱，躲避就是最好的方法。小亮毕竟还是个孩子，他并不知道自己需要什么。他不爱上学，可能是因为天天都能看到同学的爸爸妈妈来送他们上学；他不爱写作业，可能是因为没有人给他签名；他不会和人交流，可能是因为爸爸妈妈不能像其他同学家长一样每天唠唠叨叨；他对老师反抗，对同学排斥，可能是因为他从来就没有得到过足够的温暖。

**只有孩子的内心先被爱填满，他们才会有爱回馈他人。**

通过观察，我知道小亮不是一个坏孩子，他渴望爱，渴望关注和陪伴。所以，当他收到巧克力时，他得到的是心灵上的支持。此刻，老师以一个妈妈的身份，直抒胸臆地让他知道——这个世上还有人爱他，他并不孤独。

打开一个尘封的门其实并不难，找准钥匙就可以进去。万事有因果，只有知道原因，才可以找到好的解决方法。在这个过程中，需要父母的耐心、细心和恒心。

"人之初，性本善"，每一个孩子都是善良的天使。他们的情绪失控往往是某一点的刺激，找到这个点，就可以找到孩子情绪转变的关键。

后来，小亮的学习成绩有了很大的进步，他还参加了全国数学竞赛，获得了二等奖。几年后，他顺利考进了北京最好的中学，有时还会回母校看望老师。

德国著名心理分析学家埃里希·弗洛姆对"什么是无条件的爱"做了如下解释：

**无条件的爱和接受，是指坚定地爱和接受某个人，而不取决于当时的条件。这样的爱与有条件的爱对立，有条件的爱只有在它的客体符合某种条件的情况下才存在。**

可能很多父母会说，我对孩子的爱就是无条件的呀，为了孩子我什么都愿意做。但是，如果不能正确地表达自己的情感，也会让孩子觉得父母不爱自己。

尤其是我们这个民族有着比较内敛的文化传统，很多父母不好意思或者不愿意直接表达对孩子的爱，甚至会在这份爱上加上某些前提条件，只有孩子做到了，才能得到父母的爱。很可能，在孩子看来父母对自己的爱就是有条件的。

殊不知，多多向孩子表达自己的爱意，让孩子感受到自己的爱，不仅可以给予孩子一份安全感，还会让他感觉到自己的重要性，变得更加自信，也会更信任周围的世界。

不要用成人的眼光去看待孩子的世界，尤其在他们处于情绪的敏感期时，安抚孩子情绪敏感的最好的方法，就是告诉他——你很爱他。

为了让孩子更好地感受到父母的关爱，除了语言上表达关心外，还要抚慰他们的身体，当发现孩子情绪不好的时候，用手抚摸他，用身体亲近他，温柔地抱抱他。这种肌肤上的情感传递，会使孩子感觉到非常安全，有利于他们的情绪稳定。

# 第五章

**01**

当孩子出现极端的情绪表现时，他的心里其实是非常崩溃和无助的。如果我们无视他们的"求助信号"，反而盲目地动用惩罚手段，并不能解决根本问题。

**02**

父母是孩子的第一任老师，你想让孩子成为什么样的人，你就得做什么样的人。孩子会在父母的言传身教中，学习到大人处理问题的思维方法。

**03**

孩子也会感受到压力，如果压力超出了孩子的承受能力，他们也会出现一系列压力综合征，表现出沉默，抑郁，消极，不爱沟通等一系列反应，甚至会对自己丧失信心。

**04**

鼓励永远是建立良好情绪的最佳手段之一。特别是在孩子情绪低落的情况下，通过这种方法，可以更充分地调动孩子的内在动力。

**05**

孩子的情绪比成人要敏感。孩子的不良情绪存在的时间越短，对于孩子的心理健康就越有利。

**06**

优秀的孩子更容易情绪失控。面对优秀的孩子，父母更应该注意观察孩子的情绪，做好孩子的情绪管理员。

**07**

每一个孩子都是善良的天使，他们的情绪失控往往是某一点的激发，找到这个点，就可以把握孩子转变的关键。

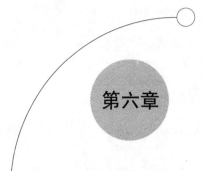

第六章

**情商高的孩子才能**

**走得更远**

# 1. 被压抑的情绪，从来不会消失

我曾在知乎上看到一位妈妈的求助帖子。

这位妈妈说，自己的女儿从小就特别懂事，什么事情都喜欢压在心里，从来不像别的孩子那样爱吵爱闹。而且，孩子遇到什么事情也不会跟父母一起分享，即使有时候情绪不好，她也只是把自己关在房间里，第二天就没事了。

刚开始的时候，她还觉得这没什么大不了的，孩子只是比较内向而已，大一点就好了。没想到，有一天，她突然接到了女儿的班主任打来的电话，说孩子在放学路上被小混混欺负了，不仅被抢了钱，还挨了打。

这位妈妈一听，顿时大惊失色，这么大的事情，女儿竟然一个字都没告诉她！

于是，她在网上求助："孩子这样究竟好不好？"

说实话，当时我看到这篇求助文的时候，心里既欣慰又愤怒。欣慰的是，从字里行间，可以看出这是一个非常关爱女儿的好妈妈；愤怒的是，面对孩子的情绪问题，父母竟然可以做到如此熟视无睹。

在中国传统的教养方式下，情绪被压抑的孩子屡见不鲜。例如，当孩子哭闹的时候，可能会听见这样的回答——"勇敢的孩子不能哭""男孩子哭鼻子羞不羞"；当孩子生气的时候，可能会听见这样的回答——"你怎么跟父母说话呢？你这是什么态度！""从来没见过像你这样不听话的孩子"……

很多父母错误地认为，只有大喊大叫、歇斯底里，才是情绪失控的表现。殊不知，除了过分发泄，过分压制同样是情绪失控的一种表现。

前段时间，学校要组织朗诵比赛。每个班级都要选出四名同学作为领诵人。为此，班里展开了激烈的角逐。最终，通过同学们的投票，大家从声音、语气、声调、情绪等几个方面进行综合考量，终于确定了几位优秀的领诵者。

对于这个结果，同学们基本认同，其中包括班长小彤。从一年级到四年级，小彤都是班里的佼佼者，不管是学习成绩，还是舞蹈声乐，样样优秀，每次班级评选优秀学生，她都是全票通过。

但是，她也有一点不足，就是声音里带有一种先天的沙哑，不够洪亮。她自己也对这一点非常清楚，所以虽然有点沮丧，但很快就接受了落选的事实。每天和其他没有选上的同学一起站在后排，丝毫没有因为不被关注而觉得不开心，反而拿出全部的热情投入朗诵的排练中，连每天必练的钢琴都放在了一边。

很快，到了第一次合练的日子。那天，负责领诵的一名女同学在比赛前突发疾病。面对这种意外情况，我非常着急，要是修改方案，就要全部重来，时间来不及了。但看看下边的同学，领诵的稿子只有领诵的同学背了，其他同学又怎么会背呢？

当我告诉大家这个问题的时候，小彤第一个就举起了手，说："老师，我把所有的内容都背下来了。"我顿时放下了心，尽管她的嗓音不响亮，但是总算可以顺利参加比赛了。

第二天上台前，大家又一起合练，没有想到小彤的声音居然一点儿都没有沙哑的迹象。我吃惊极了，问她："小彤，你是怎么做到的？"

小彤高兴地说："我是用音乐老师教我的唱歌技巧朗诵的。"

休息的时候，小彤的好朋友也纷纷过来赞美她："小彤，你的声音最动听了。""小彤，你的声音简直就是专业级别的！""小彤，你真是真人不露相呀！"

对于大家的赞美，小彤感到非常高兴，她说："你们说的是真的吗？我的声音真的很好听吗？我现在信心满满了。"

大家几乎异口同声地说："是的，千真万确！"

听到同学的夸奖，小彤爽朗地大笑起来，同学们也跟着她嘻嘻哈哈地笑着。

小彤能够得到所有同学的喜爱，和她自己要求上进、表现优异有着很大的关系。更重要的是，她有着一个敢于表达自己情绪的状态，这是她能够获得同学认可的重要原因。

对于成年人来说，只要我们愿意，就可以顺利地通过语言表达出自己当时的情绪。但对于儿童来说，由于受到认知水平和言语发展水平的制约，他们很难用准确的语言来表达自己的情绪。

虽然我们可以在任何年龄阶段获得这种"情感语言"表达的能力,但就像其他语言一样,儿童时期是掌握这种能力的黄金学习时期。

通过这么多年与孩子的接触,我也发现了一个非常令人费解的现象:在儿童群体中,越是优秀的孩子,越是不愿意承认自己的优秀,比如在课堂上,积极发言的孩子很少是班上学习出类拔萃的。假设一个班级有40人,在课堂上活跃的一般是班上学习排名5—10名和25—35名的学生。那么,为什么优秀的孩子不愿意积极地表现自我呢?

因为他们习惯把自己兴奋、满足的情绪包裹起来,不愿意和别人分享自己的情绪。但小彤不是,面对选拔,她积极参与;面对老师的夸奖,她骄傲地回应,把自己的情绪完全释放出来。而在这样的情况下,小彤更容易得到老师的肯定和同学的认同。

以这次班级的朗诵比赛为例,本来有好几个同学都想成为替补队员,但为什么只有小彤能够勇敢地说出自己的想法呢?

这与我们传统的教育方式密切相关。自古以来,我们的性格特点就是谦虚、内敛。然而,内敛未必是最好的情绪选择。

**真正的情绪管理,从来不是让情绪消失。**尤其是在应对孩子的负面情绪时,不管是转移孩子的注意力,还是恐吓、无视,都只能暂时将孩子的情绪压抑在身体当中,变成一个隐藏的定时炸弹,不知道什么时候被引爆。因此,如何在人际交往互动情境中培养出孩子正确表达自己情绪、情感的能力,对孩子健康情感的培养至关重要。

随着年龄的增大,很多孩子性格内敛的表现会越来越明显,面对别人的赞美不能做到大大方方地接受，而是羞涩、躲避，有的甚至从不表达出来。而小彤面对同学和老师的赞美，却能袒露自己高兴、兴奋、幸福的情绪，也正是她这种直接的表达，才让同学们觉得她更真实，更亲近，也更愿意和她成为朋友。

高兴就要大声说出来，这与中国人传统的谦虚、低调并不矛盾。小彤之所以能够在班级中建立良好的人际关系，和她在班级中善于向其他孩子表明自己的情绪有着一定的关系，她这样的做法更容易受到同学和老师的欢迎，这也是小彤在各种评选中能够获得满票的原因。

与其盲目地教给孩子一些大道理，什么"胜不骄，败不馁""谦虚使人进步，骄傲使人后退"，不如告诉孩子，生活中有任何情绪和感受都是正常的——喜、怒、哀、乐——这些都是人类的正常情绪表现，没有对错之分。

父母是孩子最好的老师，为了让孩子顺利迈过这段关键时期，我们在生活中也要以身作则，引导孩子勇敢表达自己的情绪。

例如，我们自己要敢于和孩子说"我爱你"，我们要敢于告诉孩子"你很出色"。这些良好情绪的传达，会让孩子在幼儿期就懂得并接受良好情绪表达的策略和必要性。

## 2. 准确识别情绪，才能真的共情

很多人在上学的时候，可能看到过这样的现象：有些调皮的男生越是喜欢一个女生，就越喜欢去欺负她，以此引起对方的注意。尤其是在感情不成熟的青少年阶段，这种事情会特别常见。

在有些人的眼中，这种美丽的误会是孩子青涩、美好的感情懵懂期，是人生美好的回忆，但我想讲给大家的是一件发生在十几年前的事情。

有一天，我正在办公室备课，一个同事在闲聊中提到，北京某实验小学发生了一起事件：一位父亲闯进教室，当着全班学生的面，将一个男生从座位上拎起来，打了他两耳光。

原来，这个男生经常骚扰一个女同学，甚至抱着女生狂亲。女生家长曾多次与男生父母和老师沟通，但男生仍然我行我素，把女孩吓得不敢上学。这才有了女生父亲上门打人的一幕。

据该男生的老师反映，这个男孩本性并不坏，就是一看到自己喜欢的人就会上前做出亲密动作，让对方避之不及。

在我看来，这个男孩就是典型的不知道如何用正确的方式来表达自己的情绪，以至让对方接收到了错误的信息。

人是一种社会性生物，学会控制好自己的情绪，并运用情绪正确、精准地表达出自己的感情，不仅可以为自己建立健康的社会关系，还可以让情绪成为自己与他人沟通的重要桥梁。相反，如果发出了错误的情绪信号，则会对自己的人际交往造成阻碍。

小群是我们班上的生活委员，为人谦逊随和，很受同学和老师的信任。但她的同桌贝贝却是个沉默寡言的孩子。

贝贝留着一头齐耳短发，身上永远穿着一件黑色运动服外套和运动鞋，脸上长了一些可爱的雀斑，总是独来独往。因为她有些不合群，班上一些淘气的孩子便给她起了一个外号"草莓姑娘"。

有一天，贝贝换了一件白色连帽外衣，她把帽子兜在头上，径直走到了自己的座位上。这时，一个男生从她身边走过，大惊小怪地喊了一句："哟，草莓姑娘又有了新装扮呀！"要是在平时，贝贝一定会奋起反击，但这次她居然一声不吭，头低垂着。

小群觉得很奇怪，低下头，绕过帽檐去看贝贝的脸，只见她的脸颊上还挂着没有干透的泪珠。小群顿时感觉不对，她用手触触同桌的肩膀，贝贝一动不动。小群面色凝重，不知不觉也随着同桌一起难过起来，用极低的声音问道："你怎么了？"

尽管小群不知道贝贝到底遇到了什么问题，但是她知道，贝贝一定很伤心。于是，小群不再说话，而是用关切的目光注视着贝贝，然后轻轻拍了拍她，用笔在纸上写了一行字："不想说，就不要说。"

贝贝看到这行字后，眼眶又红了起来，然后她提笔在纸条后面写了一行字——"我爸妈昨天离婚了！"小群的心一下子也变得酸痛极了，她不知道该怎样安慰贝贝，就默默地陪着她，一直到放学都不愿回家。

从此，一向独来独往的贝贝把小群当作自己最好的朋友，有什么事情都要和小群分享。小群也成了贝贝的挚友，帮她一步步走出人了生的低谷。

为什么小群什么都没做却能一举赢得贝贝的信任呢？其中最主要的一个原因就是小群有一颗能够读懂别人情绪的心，这让她能够迅速识别出对方的情绪，并给予最正确的回应。

对情绪管理还不成熟的孩子来说，了解自己情绪的第一步，就是能够识别出自己或别人的各种情绪，如激动、失望、自豪、孤独、期待，等等。孩子能自主识别出的情绪越多，他就能运用更准确的词汇来表达自己的情绪，从而与别人建立共情。

就小群而言，她可以通过观察、感受别人情绪的变化，在他人情绪低落的时候感同身受，她的情绪成了对方情绪的一面镜子。

我们不仅在整理仪表的时候需要镜子，在检查自己的情绪的时候，我们同样也需要镜子。借助情绪镜子，我们可以帮助自己最快地发现和认清自己的情绪，从而帮助纠正自己的情绪。

当我们透过镜子看到自己的时候，总是可以更准确地认识自己，让自己找到自信、自足等各种需要的心理感受。而且，这面镜子似乎拥有魔法——可以让镜子中的人物走进我们的心灵深处。

此外，在正确捕捉对方情绪的同时，我们还可以选择合适的情绪与对方产生共鸣。

语言可以宽慰别人，动作可以安抚他人，同样，情绪也可以让对方获得情感的满足和慰藉。人的智力是可以评估的，人的情绪也是可以评估的。情绪能力和社会能力密切联系在一起，如果自己的情绪能够和对方的情绪联系在一起，就可以得到对方的认同。

小群把自己和贝贝的情绪变化捆绑在一起，让贝贝感到小群就是自己的知心人，所以才愿意和小群敞开心扉。

为什么小群会具有如此准确的共情能力呢？这与她的家庭脱不了关系。

虽然小群的家里不富裕，却是个大家庭。她的爸爸在一家公司做联保工作，妈妈在一家小公司做出纳员。每个周末，爸爸妈妈都会带着她参加各种家庭聚会，通过与大人的互动，不断丰富孩子的情绪词汇库。

例如，当小群的玩具被抢，号啕大哭的时候，妈妈从来不会帮她把玩具抢回来，而是鼓励她说出自己的感受，向对方说："刚才你抢了我的玩具，我心里很难过。这是我最喜欢的玩具，如果你也喜欢，可以跟我一起玩。"

虽然这个方法不一定会让对方立刻改正，却让小群从小掌握了识别各种情绪的丰富词语，不管遇到什么事，她都能真实地表达自己的感受。

有时，小群的妈妈还会让小群写情绪日记，把没法说出口的心事写在纸上，通过写作来捋清思路，以理解和感受自己的情绪变化，达到释放情绪的目的。

如今，很多父母都认识到了"共情"能力的重要性，但是，也有很多人向我抱怨，觉得这个词太抽象，不知道从哪里入手。其实，在培养孩子情绪管理能力的道路上，达到"共情"的最基础能力，就是帮助孩子识别出自己当时的情绪，分辨这些情绪之间的细微差别。

这是帮助孩子管理情绪的基础，也是让他们拥有幸福人生的关键。

## 3. 积极情绪，是孩子赢得友谊的关键

当孩子从牙牙学语的幼童，成长为"背着书包上学堂"的翩翩少年，很多父母也会将更多的精力放在孩子的学习上，觉得只要在低年级的时候养成了好的学习习惯，就能少走很多弯路。

然而，通过多年的观察，我发现大多数孩子在低年级的时候都会沉浸在刚入学的新鲜和喜悦中，很少会出现厌学、逃避等情况，反而是等孩子上了高年级之后，各种厌学、沉迷网络、烦躁焦虑的现象才会频频出现。而孩子之所以会出现这些现象，大多都和难以融入集体，或与同学相处困难有关。

在孩子的成长过程中，随着年龄的增加，他们的社会交往范围也从家庭转向了学校，他们与同伴的交往日益增多，朋友逐渐成为他们获得帮助、获得支持的主要来源，这种同伴关系可以帮助他们在集体中获得一种被接纳的归属感。如果没有，或者经常被同伴拒绝、排斥，便成了很多孩子孤独不安，甚至厌学、孤僻的原因。

九月是新生入学的时候，学校里总是热闹非凡。这些小娃娃一个个睁着稚气未脱的双眼，像小鸭子一样被老师集合到一起，组成了一个班

集体。

在接下来的六年里，他们要在这间几十平方米的教室里一起学习、一起生活、一起娱乐，在这个新的群体里，有的孩子能很快找到小伙伴，而有的孩子却总是东撞西闯，成为"众矢之的"。

同样都是刚过6岁的孩子，为什么有的就能成为大家的核心，有的就很快被排斥在外呢？这与孩子传达的情绪有直接的关系。

小荷是刚进入一年级的新生，她有着细长的眼睛、白净的脸庞，黑黑的头发总是扎成一个冲天辫。小荷的个子不高，所以我特意把她安排到了比较靠前的位置。尽管这样，她坐在椅子上脚还是有点够不到地，这种没着没落的感觉让小荷觉得很不适应。

刚刚上学，一天就要坐上几个小时，一节课四十分钟，好漫长呀，小荷开始想妈妈了。想着想着，小荷就会眼圈一红，眼泪禁不住流了下来。

第一节课下课了，同学们有的去卫生间，有的跪在椅子上和周边的同学做游戏，还有的在吃自己的零食。

小荷这个时候又想妈妈了，虽然老师没有看到，但是同学们看到了，但他们还小，还都不懂得什么叫安慰，也不大懂得什么叫照顾，他们唯一能够帮助小荷的方法就是一边叫嚷着"小荷又哭了"，一边赶紧报告老师。

有些小朋友开始嘀嘀咕咕，有的直接问："你不舒服吗？"有的直接断言："她生病了！"还有的大胆猜测："你是有哭病吧？"小荷用一张惶恐的脸对着眼前充满疑惑的同学，不知道应该怎么回答。

下一节是音乐课，这是大家最喜欢的课，因为可以站起来配合音乐一起有节奏地活动。对于一些比如抬头、下腰等大家觉得好玩的动作，同学们总是会忍不住笑出来。而孩子们的笑会感染，一个笑会传染俩，两个笑就会传染十个，一会儿，整个班的学生都会哈哈大笑——除了小荷。

老师让两个人一组做游戏，小荷却不愿意和笑呵呵的小伙伴搭手，她把手紧紧地藏在衣袋里。于是，小伙伴大喊："老师，小荷不做游戏。"

于是，下次谁也不愿意和她分到一组了。

小荷的同桌小悦和小荷不一样。

小悦是个精灵古怪的男孩，上学第一天，他就在学校和妈妈玩捉迷藏。上课的时候，孩子们还不太适应小学的教学方式，总是状况百出。小悦更是活泼得不得了，老师一不注意，他就会和前后左右的小伙伴说话。哪怕被老师点名批评，他也只是短暂地收敛一下。

下课铃声一响，他就成了一个又说又笑的"开心果"，冲淡了同学们的不适情绪，他也顺理成章地成了最受大家欢迎的"核心"人物。

几个月后，小荷和小悦在班上的处境有了更加明显的差别，每次老师带大家到操场上一起做游戏，小荷总是闷闷不乐，即使同学发现了什么好玩的事情，也会不自觉地绕开她和其他同学分享。而小悦呢，小伙伴们总喜欢围着他转呀、笑呀。

为什么同时入学的两个小朋友，在如此短暂的时间里，却有着这么不同的社交结果呢？

以小荷与小悦的例子来说，这种与同伴相处的能力，与孩子自身的情绪调节有着明显的关系。一个情绪表现积极的孩子，更容易获得同伴的认可。

举一个非常简单的例子，有两个关系比较好的小朋友，其中一个去找其他朋友玩了，而剩下的那个孩子很容易产生被抛弃的感觉。如果是自我情绪调节比较好的孩子，会觉得这样没关系，他也会去拓展与其他同学的关系，扩大自己的交友范围；如果是采取消极情绪调节策略的孩子，可能就会开始抱怨、哭泣，这不仅会影响到自己与其他同学的关系发展，还会使原有的友谊出现裂痕。

与成人相比，小孩子的世界更多的是无忧无虑，他们还不大懂得替他人考虑。简单的情绪表达是儿童的天性，对于"害怕陌生人"这样略微复杂的情绪，是到了一岁多后才有的，而骄傲、羞愧这样的复杂情绪则出现得更晚。所以，基于孩子对于情绪的解读能力，他们还无法超越情绪本身，思考出情绪背后的内容。

因此，他们很容易选择自己能够理解的情绪。比如，对于高兴和生气这样的情绪，高兴是更简单的情绪表达，也更容易让小孩子认可。

除此之外，消极情绪是可以传染的——人体自身的一种对情绪的选择功能会排斥消极情绪。人的身体是最精密的仪器，它可以根据自我的筛选功能，首先优选积极情绪，其次才是消极的情绪。

面对积极和消极情绪，不仅是小孩子，大人也会先选择积极情绪，远离负能量。

经常保持积极情绪的人，更容易获得同伴的认可，这也是为什么同样是刚刚走进学校的小朋友，在不熟悉的情况下，孩子们更愿意和小悦成为朋友，而不自觉地疏远小荷的原因。

在人的一生当中，一分真诚的友谊像钻石一样奢侈而美好。很多人一生最好的朋友都是同窗。这份不掺杂功利的感情，随着年岁渐长，遇到的概率也会越来越小。

成绩固然重要，但没有哪个父母希望自己的孩子成为一个不受欢迎的人。而事实上，与同伴关系相处的好坏，也会对孩子的学习成绩产生影响，尤其在孩子的小学阶段，融入集体困难、被同伴排斥的学生的成绩总是比受欢迎的孩子的学习成绩差，而这种现象会随着孩子课业的增加表现得越来越明显。

作为父母，多培养孩子积极的情绪，抵抗消极的情绪，或让孩子更快地在一个群体中找到自己的合作力量，帮助他建立一个良好的社会关系，会让孩子更容易得到同伴的好评和接纳，度过更加愉快的校园时光。

# 4. 只有情商高才能拥有真正的领导才能

前段时间，朋友给我分享了一段视频：一个孩子正躺在地上歇斯底里地哭闹，因为妈妈刚才责备了他，不同意他在晚上吃饼干。

朋友无奈地说："别人家的孩子都是贴心小棉袄，我家这个就是个哪吒呀！"

很多父母都希望自己的孩子是个乖宝宝，但每个孩子都是独立的个体。即使是那些看上去很萌的别人家的宝宝，也会哭会闹，因为孩子不懂得如何正确表达自己的负面情绪，所以只能通过这种愤怒的发泄，来表达心中的不满。

朋友杏儿是一位心理咨询师，她经常跟我讨论儿童心理的发展问题，也经常把自己的理论应用于实践。

她的儿子小希刚刚懂事，她就通过各种有趣的方式，帮助孩子熟悉、识别各种情绪。例如，给孩子展示印有各种表情的人物图片，来让他辨认；当孩子哭闹的时候，静下心来听孩子诉说；等孩子稍微大一点，就教他每天写情绪日记。

除此之外，杏儿还给小希准备了一套"愤怒工具箱"。当小希感觉特别愤怒或焦虑，不知如何排解的时候，就可以去工具箱里随机抽取一项活动，如玩沙漏、吹气球、听音乐、画画、跑步、跟妈妈拥抱，等等。

因此，小希从小就拥有良好的情绪管理能力，即使在别人出现强烈情绪表达时，也能迅速做出有效的回应。这种能力不仅让他在生活中更加快乐，还让他在同龄人中获得了一种威信——从小学一年级开始，他就担任了大班长，无论是男孩还是女孩，都对他特别信服。

跟妈妈一样，小希个子很高，到了小学六年级的时候，他的个子就长到了1.7米。于是，他顺理成章地担任了篮球队的队长。班上哪个同学打得好，哪个更擅长远投，他会根据大家的特长公正选拔，并把参加活动的同学分成两队。

有一次，班上举行了一次篮球比赛，大家都积极参与，为了各队的荣誉拼命争夺进球机会。不一会儿，小宇得到了球，他迅速地做出判断，把球传给了前边的小衫。小衫本来觉得自己有机会进球了，但是对方的防守队形已经形成，他丧失了投篮的机会，对方则抓住他的失误大举反攻，远投——3分球——拿下了比赛。

好不容易获得的机会却落得这样的结果，小宇心中升起恼火，在场上就大声对着小衫骂了起来："你傻呀，拿着球想什么呢？"

小衫也很委屈，他的个子比对方三个防守球员要矮得多，如果采取强投，肯定会被对方拦下来，他也觉得这次机会难得，所以想再传给个子高的同学，没想到被对方抢断了。他也很郁闷呢，一听小宇责怪自己，心中的怒火一下子烧了起来，毫不示弱地回应道："你才是大傻蛋，传球那么慢，非要等对方把队形摆好了再传，你脑子进水了吧！"

两个人越说越激动，谁都不肯向对方低头认错。比赛也打不下去了，班上的所有同学都停了下来，不知道应该帮助谁，两队队员也因此起了争执，场面眼看就要失控。

就在这时，班长小希冲了出来，挡在两个人的中间，高声喊道："大家都是为了比赛，别着急呀！"

但小宇和小衫还是没有放手。面对场上剑拔弩张的状态，小希并没有慌张，他一只手搭在小宇的肩上，另一只手搭在小衫的肩上，大声宣布："中场休息！"然后顺势把两个人搂到自己左右，说："你们都是最棒的球员，能在一个队里打球，对我们来说就是如虎添翼呀！"

然后，他如兄长一样对着小宇夸奖说："我刚才都看到了，你的球传得好极了，机会抓得很准。"然后又如密友一样对着小衫说："你处理得太棒了，要是我也会犹豫不决。你能快速做出判断，非常了得！"

小希这样发自肺腑地和两个同学分头交流，既给了两位同学冷静的时间，而还没有散开的几名队员也跟着平静下来。

随后，小希又说："你们两个呀，为了一个球伤了兄弟情义，那可就是'鹬蚌相争，渔翁得利'了。"他一阵爽朗的笑声缓解了尴尬的气氛，刚才还要争个你死我活的小宇和小衫也都安静下来，彼此不自觉地对视了一眼，慢慢恢复了平静。

第一次听到杏儿给我讲这个故事的时候，我不禁为小希喝彩，他这一套处理方式如行云流水，既保全了两个同学的面子，又迅速大事化小、小事化了地处理了事端。而且，在这一过程中，小希还能一直保持中立、冷静的姿态，表现出了非常成熟的情绪处理能力。

假设一下，如果是别的同学来处理这个问题，那么很有可能出现以下几种情形。

第一种：请权威协助，用压制的方法解决问题

一般来说，当学生遇到同学有矛盾的问题时，第一反应就是找老师，借助老师的权威来控制同学的愤怒情绪。但这样做的后果，很可能会让同学的关系受到破坏。老师属于权威，发生争执的双方就会觉得，彼此是依靠老师来压制自己，而不是让自己从心底认识到自己的错误。

这种解决方案对于已经开始进入青春期的孩子来说，绝对不是最佳方案——因为在他们体验社会人际关系的过程中，平等性很重要。

第二种：用焦虑、担忧的情绪解决问题

还有一部分学生，看到同学之间起了冲突，会自己跟着焦虑，担心同学彼此之间矛盾升级，造成更大的不可控局面。他们往往不顾一切地冲进人群之中，试图用自己的焦虑、担忧，化解队员们的矛盾。但这样做也会让彼此矛盾升级，特别是对于情绪更容易波动的男孩子来说，可能还会觉得自己的力量受到了藐视，从而加入战局。

而小希呢，却选则了第三条路：用非攻击性的情绪对抗愤怒的情绪，得以迅速地解决问题。

此外，在事件发生之后，小希能够快速根据事态的线索做出判断：两个人之间并没有原则性的矛盾冲突，而且彼此的愿望是积极的，立场是

相同的。基于这点，小希先立于他们之间，用自己的身体起到隔离的作用，然后站在一个客观的角度公正地做出评价。

在面对愤怒的队友的时候，小希的立场和姿态不偏不倚。因为他没有用同样激动的情绪去解决问题，所以帮助双方迅速降了温。

最后，当双方都有所控制的时候，小希的情绪又转为对双方的欣赏，平复了双方的失落心情，让两个情绪处于愤怒状态的同学转为平静，从而控制住了一个无法收拾的局面。

像小希一样，在一个班集体或游戏群体中，总有一些孩子会充当"领头羊"，他们颇有领导能力，看起来也比同龄人成熟许多。而在这一过程中，拥有良好的情绪管理能力，能够正确地使用情绪，是帮助他们确立威信的关键。

# 5. 共情是高情商孩子的情绪解读力

在日常生活中，人与人之间的交流，除了可以宣之于口的语言，还有一种看不见、摸不到的情绪语言。譬如，当我们遇到某些"只能意会，不能言传"的事情时，就会通过眼神、表情等传递消息，或者通过"察言观色"，来读懂对方不好言明的真实想法。

可以说，一个人解读别人情绪的能力越准确，就越能更快地抓住对方的心。

不过，有人可能会觉得，这些都是大人世界的沟通方式，小孩子童言无忌，想说什么便说什么，难道也需要这样的能力吗？

其实，与大人相比，孩子的语言能力还没有完全成熟，相较于语言，他们更习惯用情绪来表达内心的想法。例如，他们哭泣时，可能是因为失望、生气；他们微笑时，可能是因为高兴、愉快，也可能是想掩饰害羞、紧张；他们愤怒、发火时，可能是因为生气、失望，甚至是伤心、哭泣……

每个人表达情绪的方式都不相同，每个孩子也都有自己独有的非语言表达方式，如果能够拥有"破译"这种语言的能力，在人际交往中会事半功倍，迅速赢得他人的好感。

在我们班，有个叫祺祺的女孩，她长得白白净净，平时话不多，长着一双笑眼，即使不笑的时候，嘴角也会略微上扬，给人一种很喜兴的感觉。虽然刚上五年级，她在班里却像同学们的知心姐姐一样，跟每一个人都关系融洽。

在祺祺座位的前边，是班上有名的"霸道女"小葛，她做事耀武扬威不说，还总是喜欢大打出手。要是哪个男孩子敢惹她，她就会举起手臂，弯着手指一下冲到对方前面，抓到哪儿是哪儿，要是对方躲闪不及，轻则衣服被抓，重则皮肤上会留下条条红印。虽然听上去有些残暴，但她为人仗义，不会主动欺负同学，还会为受欺负的同学出头，所以大家一点儿不排斥她，她与祺祺的关系也很好。

然而，就是这样一个天不怕地不怕的孩子，也有伤心的时候。

有一天，小葛一上午都低垂着头，课间也是老老实实的，一声不吭。祺祺觉得很奇怪，就轻轻拍了拍她，小葛把头转过来，一脸的沮丧，又很快把头转了回去，继续趴在桌上一动不动。

祺祺感觉到了问题的严重性，但是她知道，小葛好面子，自尊心又强，如果直接问她，肯定什么都问不出来。

因此，祺祺没有说话，而是在一张小纸条上写道："你怎么了？"小葛在纸条上画了一个沮丧的脸，又把纸条递了回去。

祺祺看着这张哭脸，歪着脑袋想了想，缓缓在后边打了一个问号，接着画了一个小哭脸，传给小葛。小葛看了后，画了一堆眼泪和一个省略号，传给祺祺；祺祺接到后，在后边画了一个叹气的小脸，然后画了一个耳朵；接着，小葛画了一个谢谢的手势和一个心碎的图片；祺祺收到后，再次画了耳朵和两个心碎的图片。

最后，小葛没有继续画，而是转过头，看着祺祺，眼睛里充满了委屈。

看到小葛放下了戒备，祺祺迅速坐到了小葛身旁，静静地握着她的手，默默地没有说话。等了好一会儿，小葛轻声地开口了："昨天，我考试没考好，妈妈说，是因为我总和小泰迪玩，所以把我的小狗送人了。"

说到这儿，小葛的眼泪差点流出来了。

"我都养了它快一年了，它特别乖，总是等着我回家，妈妈怎么可以这样……"伴随着小葛的讲述，祺祺似乎也被小葛的情绪感染了，陪着她一起伤心。也许是小葛一下子找到了被理解的感觉，刚才还努力控制的眼泪，这下不自觉地流了出来。

祺祺赶紧拿纸巾帮她擦眼泪。祺祺叹着气说："大人们总是说成绩，一点儿也不在乎我们的感受。不如我们一起想想办法，看怎么样可以把小泰迪接回来。"

听到这句话，小葛似乎找到了希望："你觉得可以做到吗？"祺祺点点头，非常肯定地说："一定的！昨天你妈肯定是特别生气，所以才说出那样的话。只要你回去好好承认错误，把成绩赶上来，相信她会给你机会的。"小葛立刻燃起了希望，又恢复了活泼开朗的本性。

为什么祺祺能够瞬间赢得小葛的信任，原因就在于她精确的情绪解读能力。

只有一个善于观察的人，才会敏锐地发现问题。所以，当平时如同假小子一样的小葛出现情绪低落的状态时，祺祺第一个发现，并且主动帮助小葛梳理情绪，这就为拉近两个人的距离创造了机会。

除此之外，祺祺还能善用同理心，准确把握对方的情绪变化。当小葛情绪低落时，表现出的动作是低垂着头，说明这个时候的小葛不愿意和人交流，如果采取对话的方式，小葛也许会因为内心的抗拒，不愿意搭茬，从而出现交流不畅，甚至会因为信息读错，导致小葛情绪的进一步恶化。

正因为祺祺读懂了小葛此时的情绪潜台词，所以才会采用"传纸条"的方式来进行对话。因为，当一个人情绪低落的时候，他的身体也会处于疲惫的状态，体力和精力都是最差的，即使说句话都会觉得不愿张口。而纸条的传阅就像自己的内心解读，一个人是愿意和自己进行交流的，因为情绪低落，内心反而会更复杂，需要一个安静的、可以思考的方式来梳理自己的情绪。

当小葛用最简单的画脸谱的方式表达自己的情绪的时候，祺祺非常聪明地跟随小葛的做法。这个脸谱表达出小葛愿意交流，而祺祺采取小葛渴望的方式与她进行交流，就为交流提供了畅通的平台。

"你怎么了？"——表达出了祺祺对小葛的担忧和关心。

一个沮丧的脸——小葛此时的情绪很低落，沮丧说明她不开心。

"？"和一个小哭脸——祺祺想知道是什么事情让小葛伤心了，所以打了一个问号，接着表达了自己的情绪——看到小葛伤心，自己也很伤心，以此赢得小葛的信任。

一堆眼泪、一个省略号——小葛找到了一个理解自己的人，内心的压抑释放出来了，所以画了一堆眼泪，省略号则说明她伤心到极点了。

一个叹气的小脸、一个耳朵——祺祺告诉小葛，自己对帮不上她忙感到非常遗憾，但是很愿意听她诉说。

一个谢谢的手势和一个心碎的图片——小葛对祺祺的善良表示了感谢，然后回复她，自己心碎了，没有办法了。

画了耳朵和两个心碎的图片——祺祺告诉她，自己愿意倾听，而且看到小葛心碎，她的心也很难受。

祺祺准确地解读了小葛的情绪，得到了小葛的信任。最终，祺祺帮助小葛疏导了郁闷、伤心的情绪，并赢得了小葛的友情。

对于孩子来说，准确解读他人情绪的前提，是一定要先学会如何正确地表达自己的情绪。因为，没有体验就不会理解他人。只有当他们真正体验过快乐，才可以对"快乐"赋予意义；只有当他们真正体验过伤心，才可以对"伤心"赋予意义。

当他们学会了为自己的情绪命名，便能自然地泛化到他人，对他人的情绪感同身受。

# 第六章

**01** 儿童受到认知水平和语言发展水平的制约，很难用准确的语言来表达自己的情绪。因此培养孩子能正确地表达自己的情绪和情感，对孩子的健康情感的培养至关重要。

每个孩子都有自己独有的非语言表达方式，一个人解读别人情绪的能力越准确，越能更快地抓住对方的心。 **02**

**03** 与同伴相处的能力，与孩子自身的情绪调节有明显的关系。一个情绪表现积极的孩子，更容易获得同伴的认可。

拥有良好的情绪管理能力，能够正确地使用情绪，不仅可以让孩子获得更多快乐，还是帮助他们确立威信的关键。 **04**

**05** 对情绪管理还不成熟的孩子来说，了解自己情绪的第一步，就是能够识别出自己或别人的各种情绪。孩子能自主识别出的情绪越多，与别人建立共情就越容易。